呼和浩特市短历时暴雨
强度计算与雨型设计

主　　编：王志楠

编写人员：王宪富　梁　燕　马召伟　张志杰

内容简介

本书针对呼和浩特市城市雨水排放规划及供排水管道设计过程中暴雨强度计算及雨型设计的需要，遵循《室外排水设计规范》(GB 50014—2006,2016 版)和《城市暴雨强度公式编制和设计暴雨雨型确定技术导则》，编制了呼和浩特主城区单一重现期暴雨强度公式、区间暴雨强度公式、暴雨强度总公式，完成了 30 min、60 min、90 min、120 min、150 min、180 min 历时的雨型设计，以及暴雨强度与重现期关系及暴雨强度查算相关图表，为减轻城市内涝灾害风险提供技术支撑。同时，按行政区划编制了主城区周边五个旗县的暴雨强度公式并设计了暴雨雨型，为周边城镇发展规划过程中对比使用提供参考。

图书在版编目(CIP)数据

呼和浩特市短历时暴雨强度计算与雨型设计/王志楠主编. —北京：气象出版社，2021.1
ISBN 978-7-5029-7389-6

Ⅰ.①呼… Ⅱ.①王… Ⅲ.①城市—暴雨量—强度—计算—呼和浩特 Ⅳ.①P333.2

中国版本图书馆 CIP 数据核字(2021)第 031896 号

Huhehaote Shi Duanlishi Baoyu Qiangdu Jisuan yu Yuxing Sheji
呼和浩特市短历时暴雨强度计算与雨型设计

出版发行：气象出版社	
地　　址：北京市海淀区中关村南大街 46 号	邮政编码：100081
电　　话：010-68407112(总编室)　010-68408042(发行部)	
网　　址：http://www.qxcbs.com	E-mail：qxcbs@cma.gov.cn
责任编辑：张盼娟	终　审：吴晓鹏
责任校对：张硕杰	责任技编：赵相宁
封面设计：地大彩印设计中心	
印　　刷：北京中石油彩色印刷有限责任公司	
开　　本：787 mm×1092 mm　1/16	印　张：8.25
字　　数：195 千字	
版　　次：2021 年 1 月第 1 版	印　次：2021 年 1 月第 1 次印刷
定　　价：35.00 元	

本书如存在文字不清、漏印以及缺页、倒页、脱页等，请与本社发行部联系调换。

序

  《呼和浩特市短历时暴雨强度计算与雨型设计》一书是呼和浩特市气象局气象科技人员通过近两年时间的努力，在对呼和浩特地区大量降水资料分析处理的基础上编撰而成。书中主要包括呼和浩特市区暴雨强度公式、短历时暴雨雨型设计、短历时暴雨强度查算相关图表及周边城镇的暴雨强度公式、短历时暴雨强度查算相关图表等，是呼和浩特市雨水排放规划设计领域基础性研究成果，也是呼和浩特市雨水排放规划设计过程中极具使用价值的工具。

  呼和浩特市作为呼包鄂榆城市群（包括内蒙古自治区呼和浩特市、包头市、鄂尔多斯市和陕西省榆林市）的中心城市，主城区及周边城镇建设速度加快。暴雨强度计算和暴雨雨型设计是城市雨水排放规划设计的基础，其计算结果的科学性、准确性直接影响城市排水管网的规划设计。《呼和浩特市短历时暴雨强度计算与雨型设计》一书数据资料翔实，可操作性强，编撰的依据科学严谨，对于科学改善城市排水设施规划设计和建设，实现城市雨水科学合理排放，提升城市排水排涝能力，有效避免城市内涝现象的发生，保障排水防涝工程建设的经济适用性和安全可靠性具有十分重要的意义。

  新修订的呼和浩特地区暴雨强度公式已于2020年1月经呼和浩特市住房和城乡建设局、水务局、气象局联合公布使用，是切合呼和浩特市自身实际的暴雨强度计算依据，也是呼和浩特市城市雨水排放规划及供排水管道设计过程中科学、精准计算暴雨强度的有效方法。

  《呼和浩特市短历时暴雨强度计算与雨型设计》一书作者以"准确、及时、创新、奉献"的气象人精神，用夜以继日的努力、严谨的工作态度、兢兢业业的敬业精神保证了书中成果的科学性、精确性。

  预祝《呼和浩特市短历时暴雨强度计算与雨型设计》顺利出版，愿书中成果在呼和浩特市的雨水排放事业中早日显现效果，城市内涝隐患自此无忧。

呼和浩特市气象局党组书记、局长 李长生

2020 年 6 月 16 日

前　言

近年来，由于呼和浩特市城区规模的迅速扩大和气候变化导致城区部分区域雨水排放不畅，积水现象严重，城市内涝灾害风险加大，给人民群众的生活及社会经济建设产生了比较大的影响。

2018 年，呼和浩特市气象局承担了呼和浩特市科技计划项目"呼和浩特地区暴雨强度公式修订与应用系统建设"。项目组采用中国气象局编制的暴雨强度计算系统和短历时暴雨雨型分析系统，完成了呼和浩特市暴雨强度公式修订和暴雨雨型设计工作。修订后的暴雨强度公式和设计的暴雨雨型于 2020 年 1 月由呼和浩特市住房和城乡建设局、水务局、气象局联合发布。

本书是在"呼和浩特地区暴雨强度公式修订与应用系统建设"项目的基础上，针对呼和浩特市城市雨水排放规划及供排水管道设计过程中暴雨强度计算及雨型设计的需要而编写的。书中遵循《室外排水设计规范》(GB 50014—2006，2016 版)和《城市暴雨强度公式编制和设计暴雨雨型确定技术导则》的要求，使用的降水资料连续、完整，注重暴雨强度公式编制过程的严谨性，确保暴雨强度计算和雨型设计的科学性和准确性。

书中主要内容包括：呼和浩特市区单一重现期暴雨强度公式、区间暴雨强度公式、暴雨强度总公式，30 min、60 min、90 min、120 min、150 min、180 min 历时的雨型设计，暴雨强度与重现期关系及暴雨强度查算相关图表；在完成主城区暴雨强度计算和雨型设计的同时，还按行政区划编制了五个旗县的暴雨强度公式，设计了暴雨雨型，为周边城镇发展规划提供依据。

通过我们的工作，呼和浩特市有了一套全新的暴雨强度计算公式、设计的暴雨雨型、短历时暴雨强度查询的相关图形图表，希望我们的努力能为呼和浩特市排水管网规划设计工作提供科学、精准的基础依据，为消除呼和浩特市的城市内涝危害尽微薄之力。

作者

2020 年 6 月 15 日

目 录

序
前言

第1章 降雨资料来源与技术方法 ·········· 1
    1.1 降雨资料来源与处理 ·········· 1
    1.2 遵循的原则 ·········· 1
    1.3 暴雨强度公式编制与雨型设计方法 ·········· 1
    1.4 术语符号说明 ·········· 2

第2章 呼和浩特市区暴雨强度公式 ·········· 4
    2.1 暴雨强度、重现期和历时的关系 ·········· 4
    2.2 呼和浩特市区单一重现期暴雨强度公式 ·········· 4
    2.3 呼和浩特市区区间暴雨强度公式 ·········· 5
    2.4 呼和浩特市区暴雨强度总公式 ·········· 5
    2.5 呼和浩特市区暴雨强度公式的精度 ·········· 6

第3章 呼和浩特市区暴雨雨型设计 ·········· 7
    3.1 呼和浩特市区雨峰位置系数 ·········· 7
    3.2 呼和浩特市区各历时雨型设计 ·········· 7

第4章 呼和浩特市区暴雨强度计算图表 ·········· 38
    4.1 呼和浩特市区暴雨强度与重现期关系表 ·········· 38
    4.2 呼和浩特市区各历时降雨强度曲线图 ·········· 42
    4.3 呼和浩特市区所有单一重现期暴雨强度曲线图 ·········· 42
    4.4 呼和浩特市区暴雨强度常用数据表 ·········· 43

第5章 周边城镇暴雨强度公式与计算 ·········· 51
    5.1 武川县暴雨强度公式 ·········· 51
    5.2 土默特左旗暴雨强度公式 ·········· 65
    5.3 托克托县暴雨强度公式 ·········· 79
    5.4 和林格尔县暴雨强度公式 ·········· 93
    5.5 清水河县暴雨强度公式 ·········· 107

参考文献 ·········· 122

第1章 降雨资料来源与技术方法

1.1 降雨资料来源与处理

1.1.1 降雨资料来源

《呼和浩特市短历时暴雨强度计算手册》中,编制呼和浩特市暴雨强度公式及暴雨雨型设计使用的降雨量资料来源于呼和浩特市域内的国家级自动气象台站;降雨观测使用的观测仪器设备符合《地面气象观测规范》要求,降水观测符合《地面气象观测规范》(QX/T 52—2007)第8部分要求;资料整理符合《地面气象观测资料质量控制》(QX/T 118—2010)和《地面气候资料30年整编常规项目及其统计方法》(QX/T 22—2004)等国家规定。

1.1.2 降雨资料处理

对于2004年以前,以自记纸形式保存的历史降雨自记记录资料,通过计算机扫描、图像处理、数据处理,将气象站降雨自记纸图像进行数字化转换为逐分钟降雨量;从2005年1月1日开始,降雨量记录采用自动气象站自动记录的逐分钟降水量原始数据进行质量检查、审核,按照《气象资料统计规定》加工处理,形成标准分钟降水数集。

1.2 遵循的原则

《室外排水设计规范》(GB 50014—2006,2016版);
《数值修约规则与极限数值的表示和判定》(GB/T 8170—2016);
《地面气象观测规范》第8部分:降水观测(QX/T 52—2007);
《地面气候资料30年整编常规项目及其统计方法》(QX/T 22—2004);
《地面气象观测资料质量控制》(QX/T 118—2010);
《城市排水工程规划规范》(GB 50318—2017);
《建筑给水排水设计标准》(GB 50015—2019);
《公路排水设计规范》(JTG/T D33—2012);
《城市暴雨强度公式编制和设计暴雨雨型确定技术导则》。

1.3 暴雨强度公式编制与雨型设计方法

1.3.1 暴雨强度公式编制方法

按照国家标准《室外排水设计规范》(GB 50014—2006,2016版)和《城市暴雨强度公式编制和设计暴雨雨型确定技术导则》的要求,采用最大值法建立资料样本,从呼和浩特市各气象观测站逐分钟降雨数据中分别提取 5 min、10 min、15 min、20 min、30 min、45 min、60 min、90 min、120 min、150 min、180 min 共 11 个历时逐年降雨资料的最大值作为原始数据,分别建立各历时年最大值暴雨样本序列,作为短历时暴雨特征与编制暴雨强度公式的暴雨样本资料。

暴雨强度公式编制的主要内容包括资料处理、单一重现期暴雨强度公式拟合、区间参数公式拟合、暴雨强度总公式拟合、常用查算图表编制、精度检验、各强度暴雨时间变化特征和暴雨强度空间分布特征分析等内容,具体编制方法参见《城市暴雨强度公式编制和设计暴雨雨型确定技术导则》。

1.3.2 暴雨雨型设计方法

城市暴雨强度公式只能反映暴雨的极值情况,并不能描述一场暴雨的实际发生过程,因此《室外排水设计规范》(GB 50014—2006,2016 版)中提出,当汇水面积超过 2 km^2 时,雨水设计流量宜采用数学模型进行确定,数学模型中用到的暴雨资料包括设计暴雨量和设计暴雨过程,即设计暴雨雨型,也就是降雨强度在时间尺度上的分配过程。

设计暴雨雨型是城市雨水系统设计的基础,《室外排水设计规范》(GB 50014—2006,2016 版)中推荐了三种设计暴雨雨型方法:设计暴雨统计模型、芝加哥降雨模型、当地水利部门推荐的降雨模型。住房和城乡建设部及中国气象局发布的《城市暴雨强度公式编制和设计暴雨雨型确定技术导则》中推荐采用芝加哥降雨模型来确定短历时暴雨雨型。呼和浩特市短历时暴雨雨型设计主要内容包括确定雨峰位置系数、芝加哥雨型线性模型设计,具体方法参见《城市暴雨强度公式编制和设计暴雨雨型确定技术导则》。

1.4 术语符号说明

1.4.1 术语

历时(rainfall duration):指连续降雨的时段,为累积雨量的时间长度,单位 min。

降雨量(rainfall amount):雨水累积深度(某一时段内降落到水平面上的降水量),单位 mm。

降雨强度(rainfall intensity):指某一历时内单位时间(每分钟或每小时)的降雨量。

短历时降雨(short duration precipitation):指历时小于 180 min 的降雨。

有效暴雨资料样本(effective rainstorm sample):作为暴雨公式和暴雨雨型编制的降雨数据样本。

暴雨重现期(rainstorm return period):某一强度的暴雨重复出现的统计平均时间间隔,单位 a。

暴雨雨型(rainstorm profile):不同历时内的暴雨强度随时间变化的特征,以不同历时的降雨过程线型表达。

雨峰位置系数(peak intensity position coefficient):表征暴雨强度过程的雨峰位置的参数,从历时开始至降雨峰值出现的时间段长度与历时的比值。

1.4.2　符号

i、q——设计暴雨强度(i 的单位为 mm/min，q 的单位为 L/(s·hm²))；

P——设计暴雨重现期，a；

t——历时，min；

A——雨力参数；

C——雨力变动参数；

b——历时修正参数；

n——暴雨衰减指数；

r_i——雨峰位置系数。

第 2 章 呼和浩特市区暴雨强度公式

本章按照《室外排水设计规范》(GB 50014—2006,2016 版)和《城市暴雨强度公式编制和设计暴雨雨型确定技术导则》的要求,采用暴雨强度公式计算系统,经过对呼和浩特市区不同样本年代的暴雨强度公式进行合理性比较,确定采用 1954—2018 年降雨资料统计样本,运用耿贝尔分布曲线拟合、最小二乘法推算的暴雨强度公式作为呼和浩特市短历时暴雨强度公式。

2.1 暴雨强度、重现期和历时的关系

通过耿贝尔分布曲线对 1954—2018 年降雨资料的统计样本进行频率调整,得出呼和浩特市区暴雨强度 i、重现期 P 与历时 t 的关系,见表 2-1-1。

表 2-1-1 呼和浩特市区暴雨强度、重现期、历时关系表　　　单位:mm/min

重现期 $P(a)$	历时 t(min)										
	5	10	15	20	30	45	60	90	120	150	180
100	13.444	20.747	26.755	30.861	35.836	41.827	46.927	60.572	67.681	74.001	80.516
50	12.280	18.923	24.308	27.970	32.480	37.829	42.344	54.213	60.510	66.109	71.876
30	11.418	17.570	21.493	25.826	29.992	34.864	38.947	49.499	55.193	60.258	65.471
20	10.727	16.488	21.042	24.111	28.002	32.493	36.229	45.728	50.940	55.577	60.347
10	9.527	14.606	18.519	21.130	24.543	28.370	31.505	39.173	43.646	47.441	51.440
5	8.277	12.647	15.889	18.022	20.936	24.073	26.580	32.339	35.838	38.959	42.155
3	7.281	11.086	13.796	15.549	18.068	20.652	22.661	26.900	29.704	32.209	34.765
2	6.387	9.685	11.917	13.328	15.489	17.582	19.141	22.017	24.197	26.148	28.130
1	4.804	7.204	8.588	9.395	10.925	12.143	12.909	13.369	14.442	15.413	16.379

2.2 呼和浩特市区单一重现期暴雨强度公式

采用耿贝尔分布曲线对选定的呼和浩特市区 1954—2018 年统计样本进行拟合,使用最小二乘法逐个推算出呼和浩特市区单一重现期暴雨强度公式,见表 2-2-1。

表 2-2-1　呼和浩特市单一重现期暴雨强度公式

重现期(a)	公式
1	1343.682/(t+7.005)^0.858
2	1336.668/(t+5.847)^0.764
3	1332.994/(t+5.437)^0.726
5	1328.652/(t+4.995)^0.683
10	1394.283/(t+4.713)^0.653
20	1502.499/(t+4.542)^0.632
30	1563.287/(t+4.482)^0.625
40	1605.705/(t+4.445)^0.620
50	1638.437/(t+4.419)^0.617
60	1664.990/(t+4.398)^0.615
70	1687.368/(t+4.380)^0.612
80	1706.740/(t+4.365)^0.611
90	1723.774/(t+4.353)^0.609
100	1738.971/(t+4.341)^0.608

注："^"符号表示指数运算,后同

2.3　呼和浩特市区区间暴雨强度公式

采用耿贝尔分布曲线对选定的呼和浩特市区 1954—2018 年统计样本进行拟合,使用最小二乘法推算出呼和浩特市区区间(2～10 a、10～100 a)暴雨强度公式,见表 2-3-1。

表 2-3-1　呼和浩特市区区间暴雨强度公式

重现期(a)	区间	参数(见 1.4.2)	公式
2～10	Ⅱ	n	$0.786-0.070\ln(t-0.640)$
		b	$5.989-0.689\ln(t-0.771)$
		A	$8.032-0.049\ln(t-0.247)$
10～100	Ⅲ	n	$0.662-0.012\ln(t-7.842)$
		b	$4.789-0.099\ln(t-7.842)$
		A	$6.495+0.853\ln(t-1.212)$

2.4　呼和浩特市区暴雨强度总公式

采用耿贝尔分布曲线对选定的呼和浩特市区 1954—2018 年统计样本进行拟合,使用最小二乘法推算出呼和浩特市区暴雨强度总公式,见公式 2-4-1。

$$q = \frac{973.990 \times (1 + 0.906 \lg P)}{(t + 5.622)^{0.721}} \quad (2\text{-}4\text{-}1)$$

2.5 呼和浩特市区暴雨强度公式的精度

单一重现期暴雨强度公式(2~20 a)暴雨强度平均绝对方差(X_m)为 0.015 mm/min,平均相对方差(U_m)为 2.65%。

暴雨强度总公式(2~20 a)暴雨强度平均绝对方差(X_m)为 0.023 mm/min,平均相对方差(U_m)为 3.87%。

呼和浩特市区单一重现期暴雨强度公式与暴雨强度总公式均符合《室外排水设计规范》(GB 50014—2006,2016 版)的精度要求($X_m \leqslant 0.05$ mm/min,$U_m \leqslant 5\%$)。

第3章 呼和浩特市区暴雨雨型设计

3.1 呼和浩特市区雨峰位置系数

本章按照《室外排水设计规范》(GB 50014—2006,2016版)和《城市暴雨强度公式编制和设计暴雨雨型确定技术导则》的要求,运用暴雨雨型分析系统,计算出呼和浩特市区短历时雨峰位置系数,见表3-1-1。

在表3-1-1中,呼和浩特市区各历时的雨峰位置系数为0.359~0.493,综合雨峰位置系数为0.391,雨峰时间位置出现在降雨过程中部偏前,且历时越长,雨峰时间位置越相对靠前。

表 3-1-1 呼和浩特市区短历时雨峰位置系数

历时(min)	30	60	90	120	150	180	综合系数
降雨场次(次)	150	170	208	208	204	217	1157
雨峰位置系数	0.493	0.416	0.384	0.375	0.374	0.359	0.391
雨峰时间位置(min)	14.8	25.0	34.6	45.0	56.1	64.6	

3.2 呼和浩特市区各历时雨型设计

将呼和浩特市区各历时的综合雨峰位置系数(r)、设计暴雨重现期(P)、设计历时(t)代入根据呼和浩特市区暴雨强度公式导出的芝加哥雨型公式,计算芝加哥合成暴雨过程线瞬间降水强度、各时段(单位时段以5 min计)的累积降雨量及各时段的平均降雨量,得到每个时段内的平均降雨强度,最终设计出呼和浩特市区各历时的芝加哥雨型。

3.2.1 呼和浩特市区 30 min 历时雨型

(1)呼和浩特市区 30 min 历时 2 a 重现期芝加哥雨型设计的瞬时雨强曲线见图 3-2-1,分段降水(单位时段以5 min计)芝加哥雨型设计见图 3-2-2。

(2)呼和浩特市区 30 min 历时 3 a 重现期芝加哥雨型设计的瞬时雨强曲线见图 3-2-3,分段降水(单位时段以5 min计)芝加哥雨型设计见图 3-2-4。

(3)呼和浩特市区 30 min 历时 5 a 重现期芝加哥雨型设计的瞬时雨强曲线见图 3-2-5,分段降水(单位时段以5 min计)芝加哥雨型设计见图 3-2-6。

(4)呼和浩特市区 30 min 历时 10 a 重现期芝加哥雨型设计的瞬时雨强曲线见图 3-2-7,分段降水(单位时段以5 min计)芝加哥雨型设计见图 3-2-8。

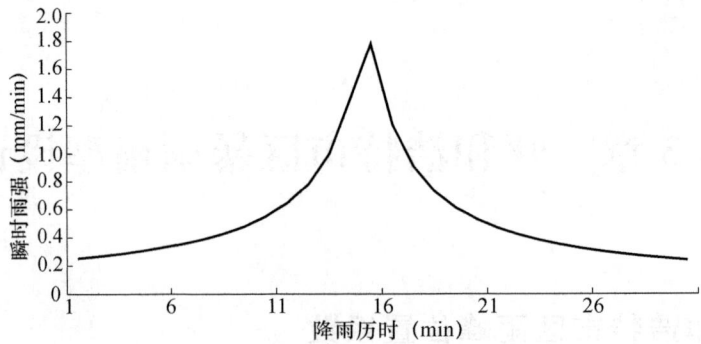

图 3-2-1　呼和浩特市区 30 min 历时瞬时雨强曲线（$P=2$ a）

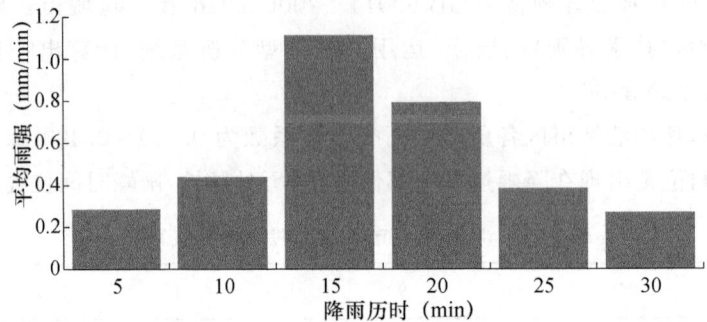

图 3-2-2　呼和浩特市区 30 min 历时分段降水芝加哥雨型（$P=2$ a）

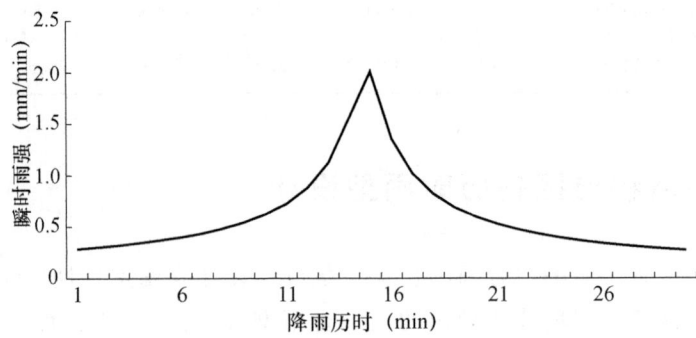

图 3-2-3　呼和浩特市区 30 min 历时瞬时雨强曲线（$P=3$ a）

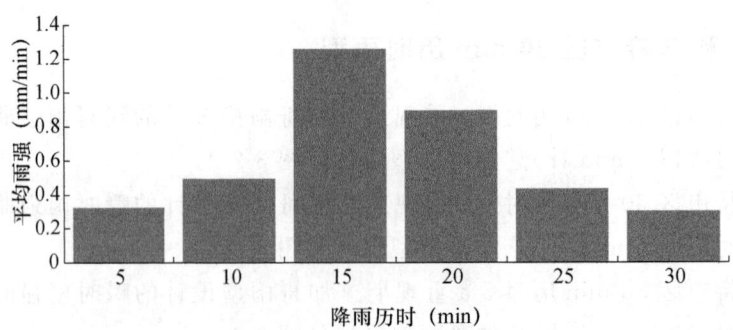

图 3-2-4　呼和浩特市区 30 min 历时分段降水芝加哥雨型（$P=3$ a）

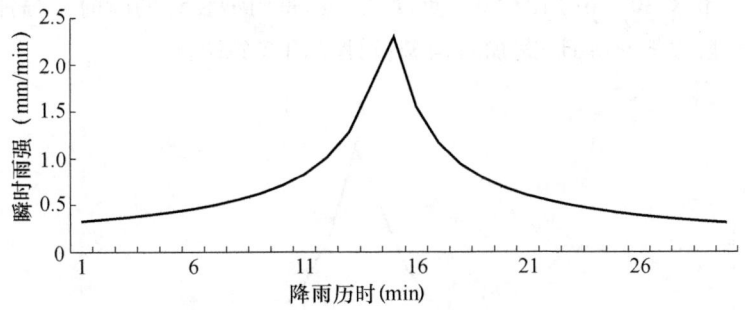

图 3-2-5　呼和浩特市区 30 min 历时瞬时雨强曲线（$P=5$ a）

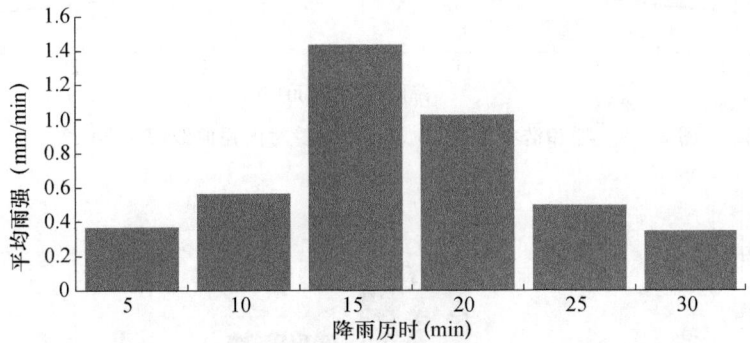

图 3-2-6　呼和浩特市区 30 min 历时分段降水芝加哥雨型（$P=5$ a）

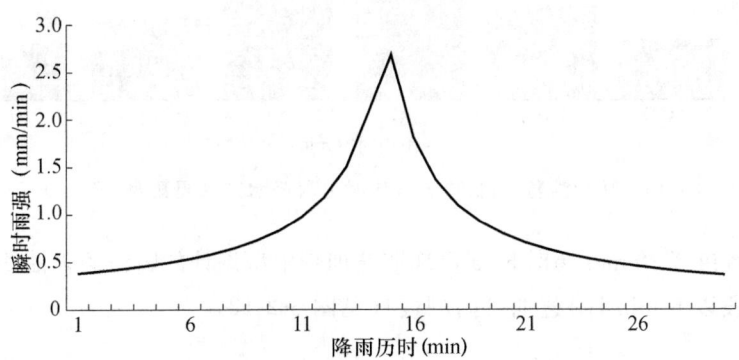

图 3-2-7　呼和浩特市区 30 min 历时瞬时雨强曲线（$P=10$ a）

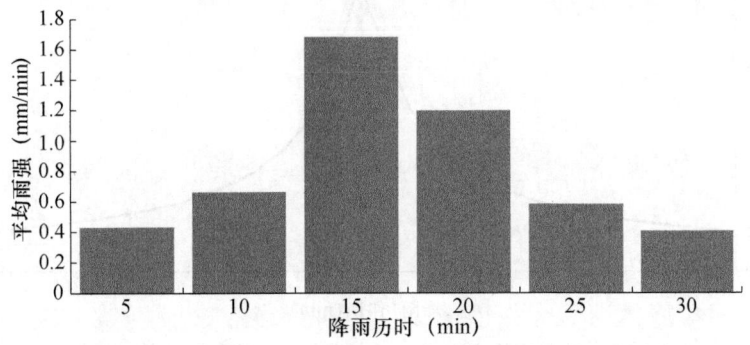

图 3-2-8　呼和浩特市区 30 min 历时分段降水芝加哥雨型（$P=10$ a）

(5)呼和浩特市区 30 min 历时 20 a 重现期芝加哥雨型设计的瞬时雨强曲线见图 3-2-9，分段降水（单位时段以 5 min 计）芝加哥雨型设计见图 3-2-10。

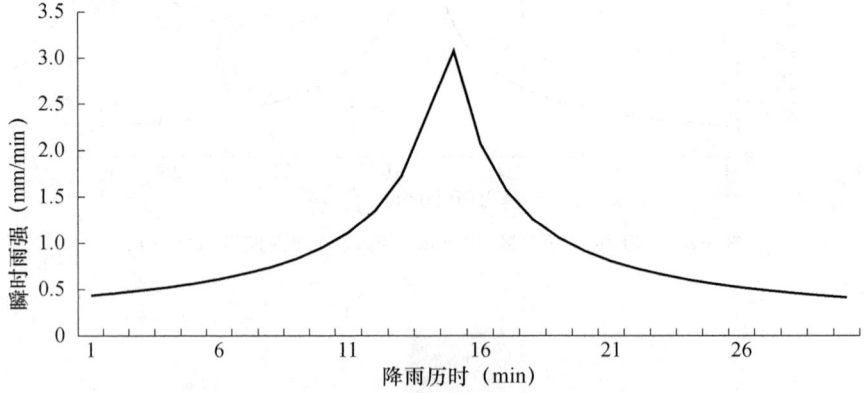

图 3-2-9　呼和浩特市区 30 min 历时瞬时雨强曲线（$P=20$ a）

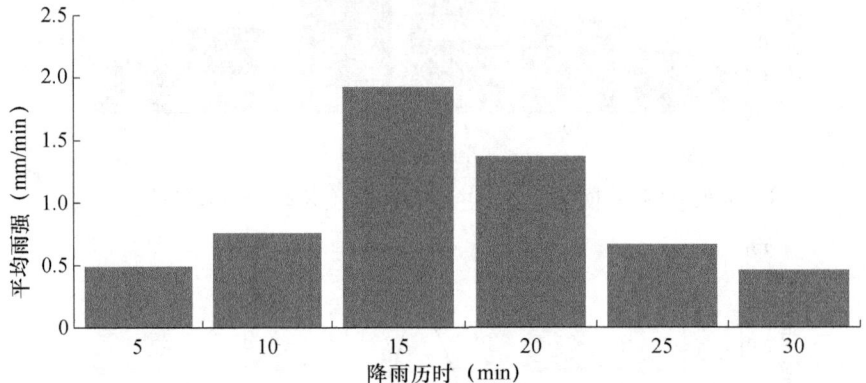

图 3-2-10　呼和浩特市区 30 min 历时分段降水芝加哥雨型（$P=20$ a）

(6)呼和浩特市区 30 min 历时 50 a 重现期芝加哥雨型设计的瞬时雨强曲线见图 3-2-11，分段降水（单位时段以 5 min 计）芝加哥雨型设计见图 3-2-12。

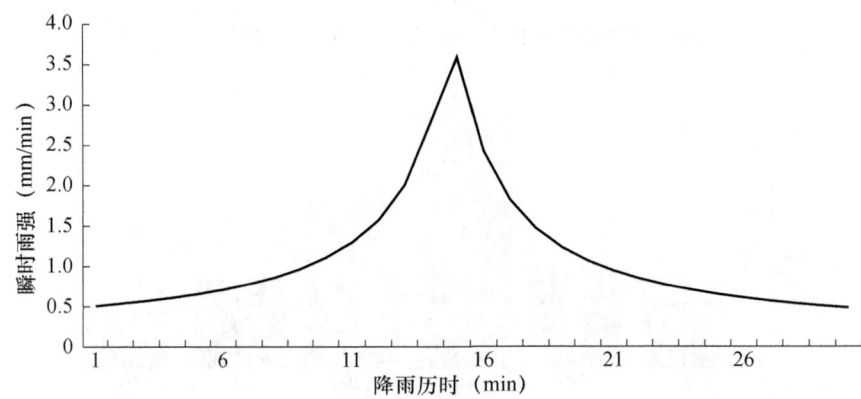

图 3-2-11　呼和浩特市区 30 min 历时瞬时雨强曲线（$P=50$ a）

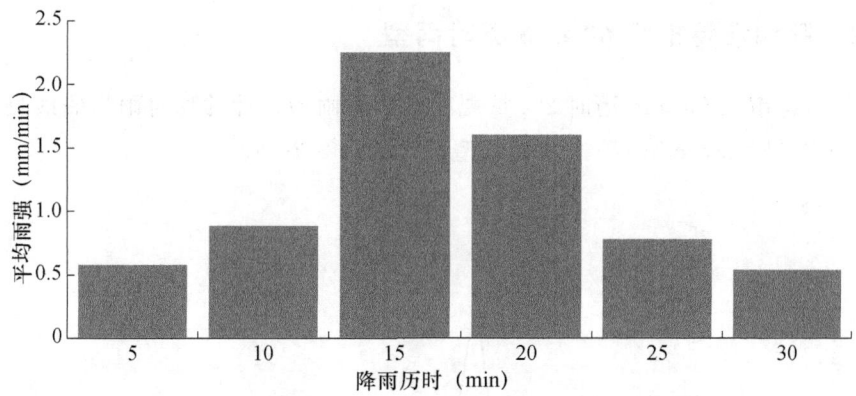

图 3-2-12　呼和浩特市区 30 min 历时分段降水芝加哥雨型（$P=50$ a）

(7)呼和浩特市区 30 min 历时 100 a 重现期芝加哥雨型设计的瞬时雨强曲线见图 3-2-13，分段降水(单位时段以 5 min 计)芝加哥雨型设计见图 3-2-14。

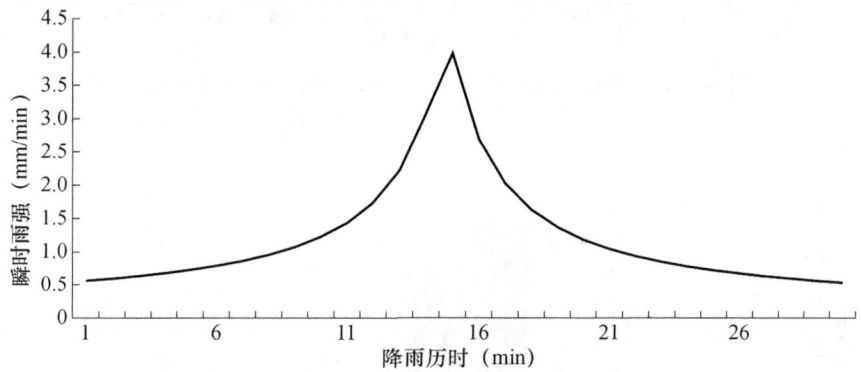

图 3-2-13　呼和浩特市区 30 min 历时瞬时雨强曲线（$P=100$ a）

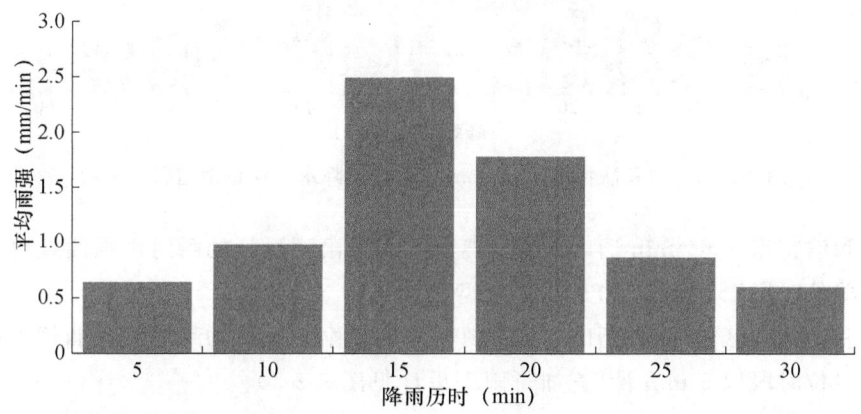

图 3-2-14　呼和浩特市区 30 min 历时分段降水芝加哥雨型（$P=100$ a）

呼和浩特市区 30 min 历时降雨主要为单峰雨型，各重现期都只有一个峰值，瞬时降雨设计芝加哥雨型的雨峰出现在第 15 min。分段降水(单位时段以 5 min 计)设计芝加哥雨型的峰时发生在第 3 位。

3.2.2 呼和浩特市区 60 min 历时雨型

(1)呼和浩特市区 60 min 历时 2 a 重现期芝加哥雨型设计的瞬时雨强曲线见图 3-2-15，分段降水（单位时段以 5 min 计）芝加哥雨型设计见图 3-2-16。

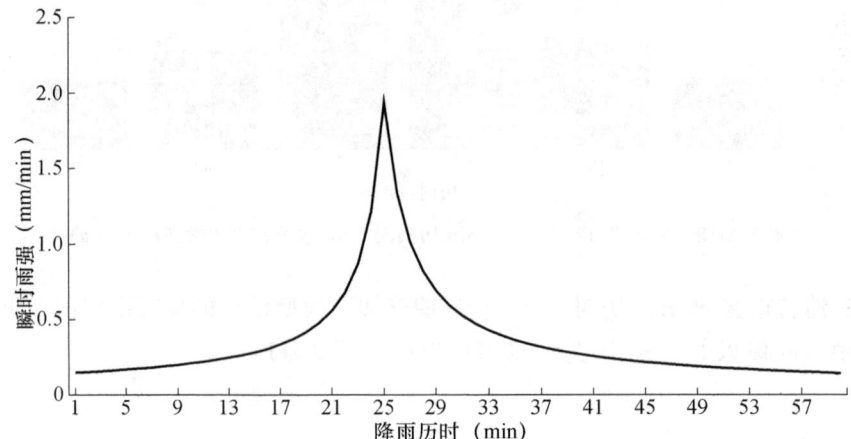

图 3-2-15　呼和浩特市区 60 min 历时瞬时雨强曲线（$P=2$ a）

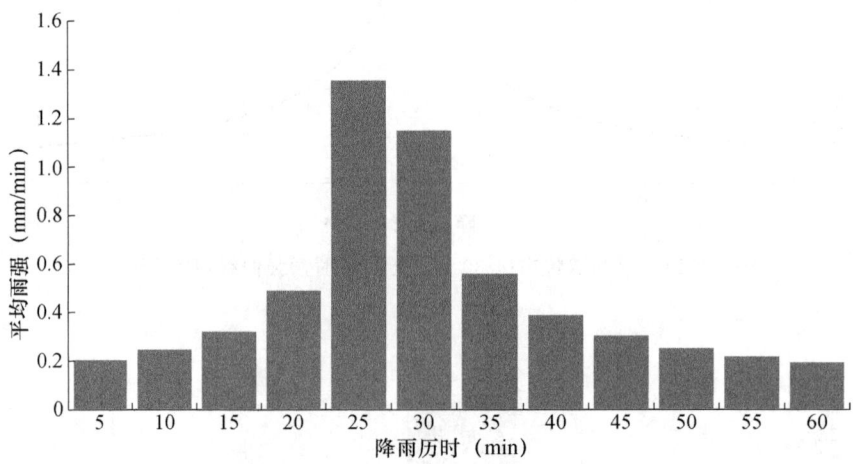

图 3-2-16　呼和浩特市区 60 min 历时分段降水芝加哥雨型（$P=2$ a）

(2)呼和浩特市区 60 min 历时 3 a 重现期芝加哥雨型设计的瞬时雨强曲线见图 3-2-17，分段降水（单位时段以 5 min 计）芝加哥雨型设计见图 3-2-18。

(3)呼和浩特市区 60 min 历时 5 a 重现期芝加哥雨型设计的瞬时雨强曲线见图 3-2-19，分段降水（单位时段以 5 min 计）芝加哥雨型设计见图 3-2-20。

(4)呼和浩特市区 60 min 历时 10 a 重现期芝加哥雨型设计的瞬时雨强曲线见图 3-2-21，分段降水（单位时段以 5 min 计）芝加哥雨型设计见图 3-2-22。

(5)呼和浩特市区 60 min 历时 20 a 重现期芝加哥雨型设计的瞬时雨强曲线见图 3-2-23，分段降水（单位时段以 5 min 计）芝加哥雨型设计见图 3-2-24。

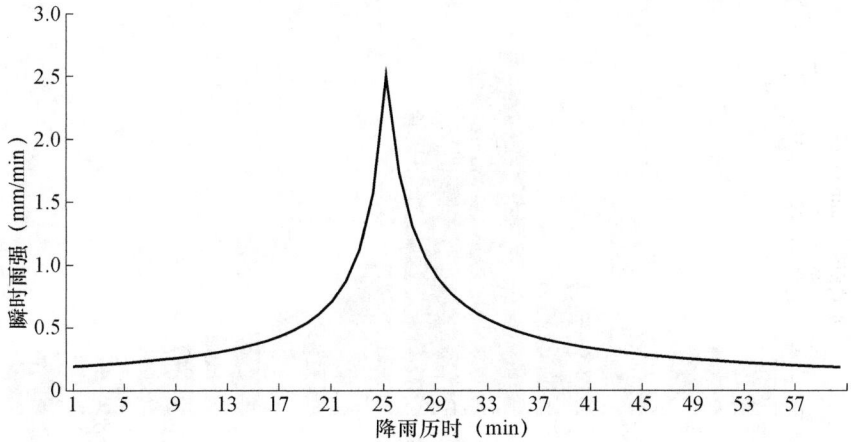

图 3-2-17 呼和浩特市区 60 min 历时瞬时雨强曲线($P=3$ a)

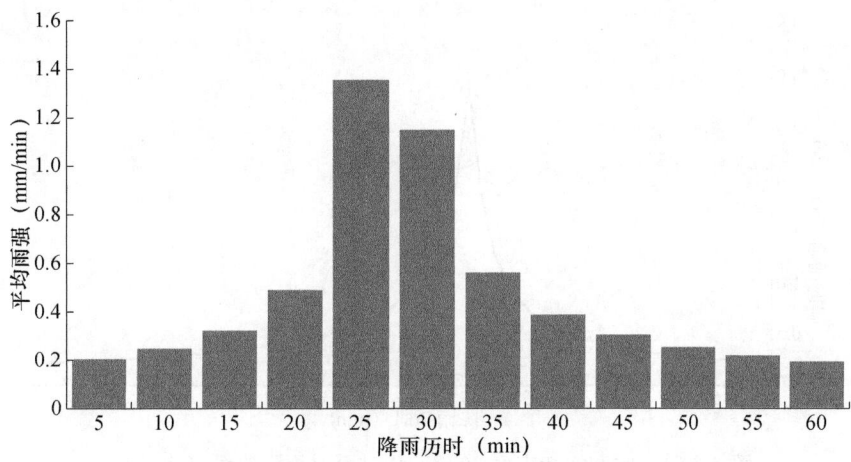

图 3-2-18 呼和浩特市区 60 min 历时分段降水芝加哥雨型($P=3$ a)

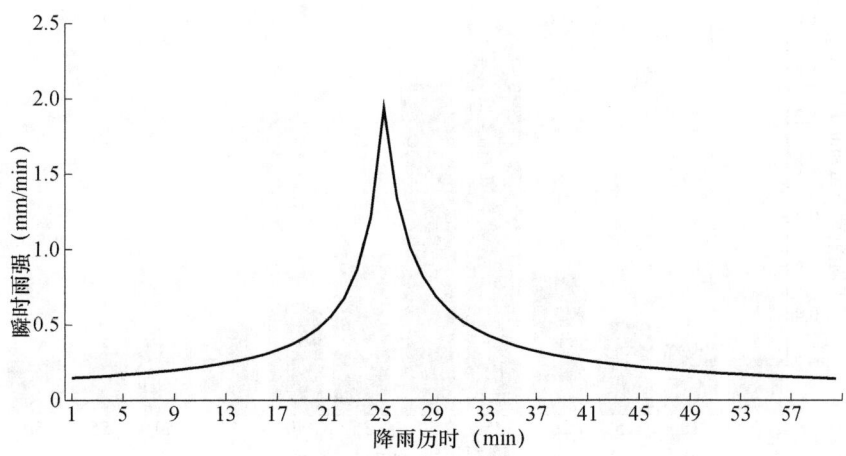

图 3-2-19 呼和浩特市区 60 min 历时瞬时雨强曲线($P=5$ a)

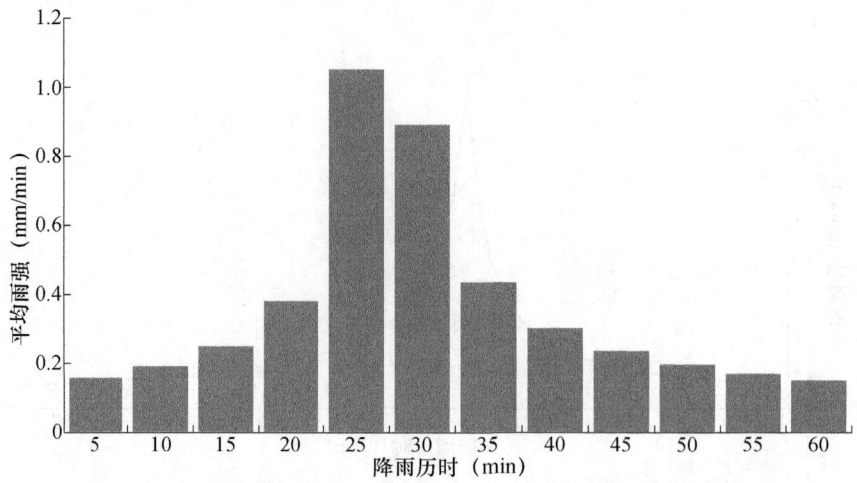

图 3-2-20　呼和浩特市区 60 min 历时分段降水芝加哥雨型（$P=5$ a）

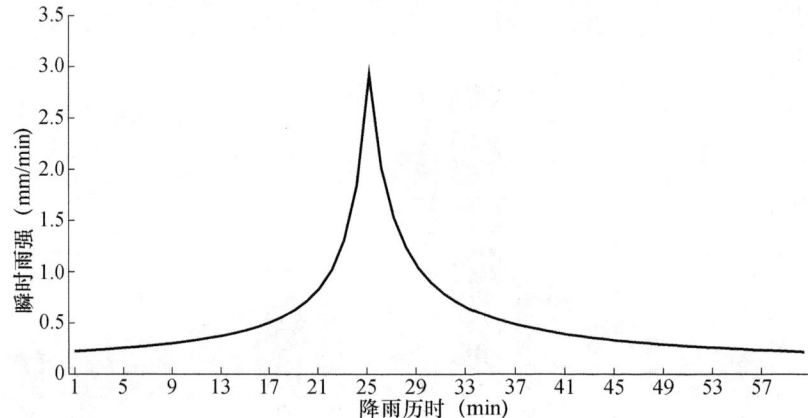

图 3-2-21　呼和浩特市区 60 min 历时瞬时雨强曲线（$P=10$ a）

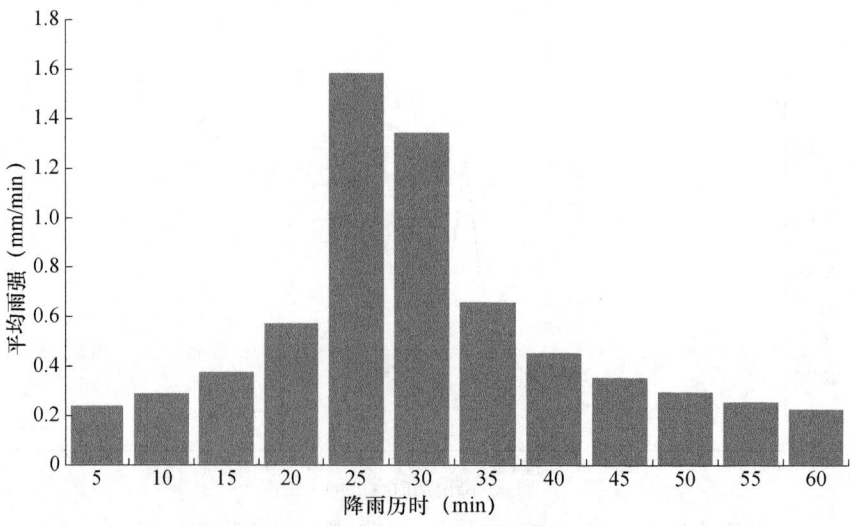

图 3-2-22　呼和浩特市区 60 min 历时分段降水芝加哥雨型（$P=10$ a）

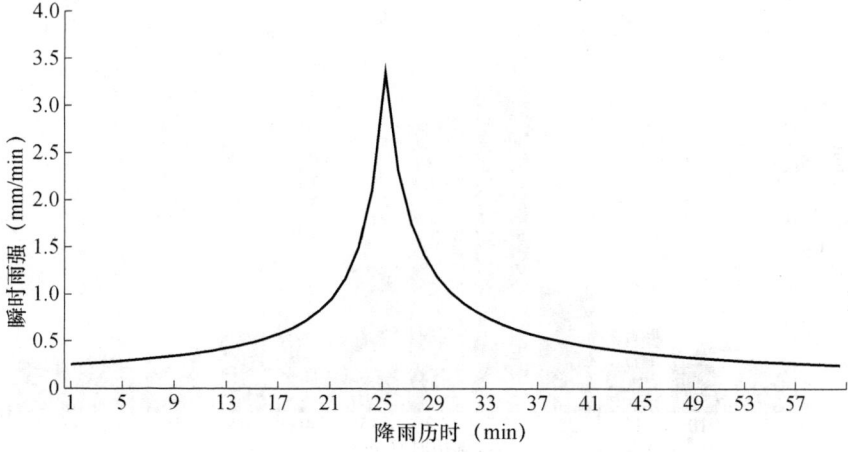

图 3-2-23　呼和浩特市区 60 min 历时瞬时雨强曲线（$P=20$ a）

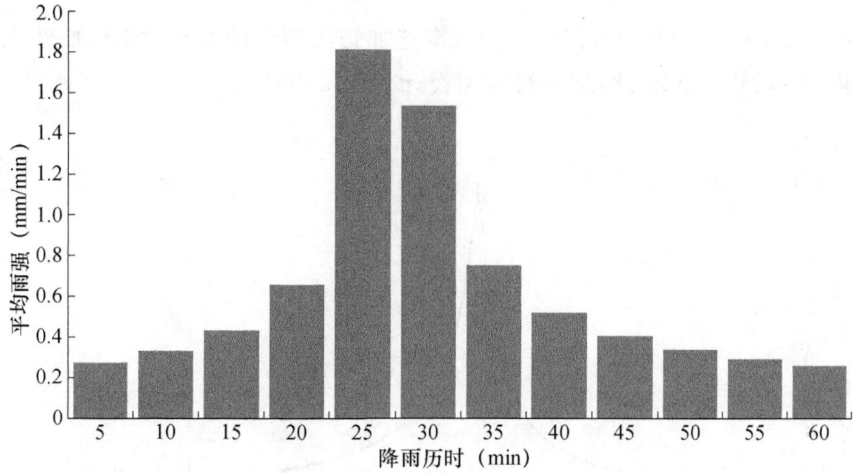

图 3-2-24　呼和浩特市区 60 min 历时分段降水芝加哥雨型（$P=20$ a）

(6)呼和浩特市区 60 min 历时 50 a 重现期芝加哥雨型设计的瞬时雨强曲线见图 3-2-25，分段降水（单位时段以 5 min 计）芝加哥雨型设计见图 3-2-26。

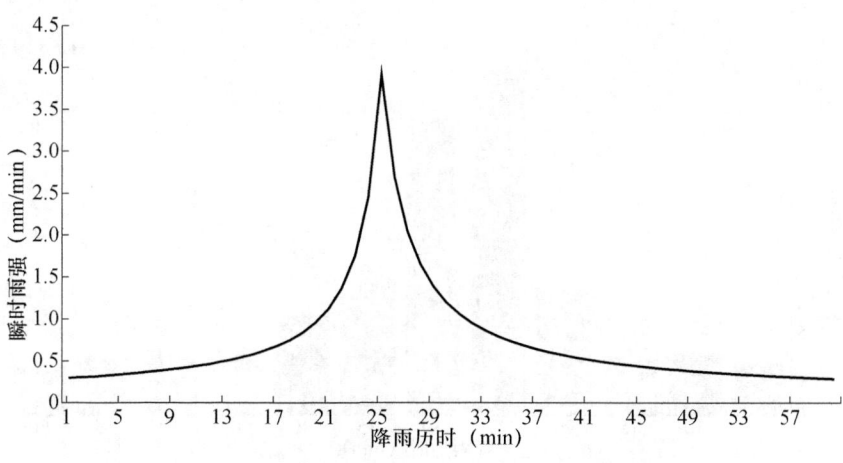

图 3-2-25　呼和浩特市区 60 min 历时瞬时雨强曲线（$P=50$ a）

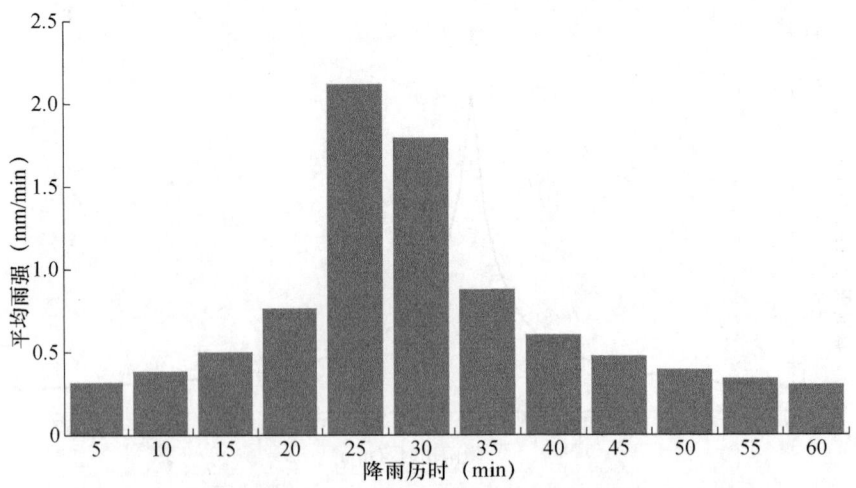

图 3-2-26　呼和浩特市区 60 min 历时分段降水芝加哥雨型（$P=50$ a）

(7)呼和浩特市区 60 min 历时 100 a 重现期芝加哥雨型设计的瞬时雨强曲线见图 3-2-27，分段降水（单位时段以 5 min 计）芝加哥雨型设计见图 3-2-28。

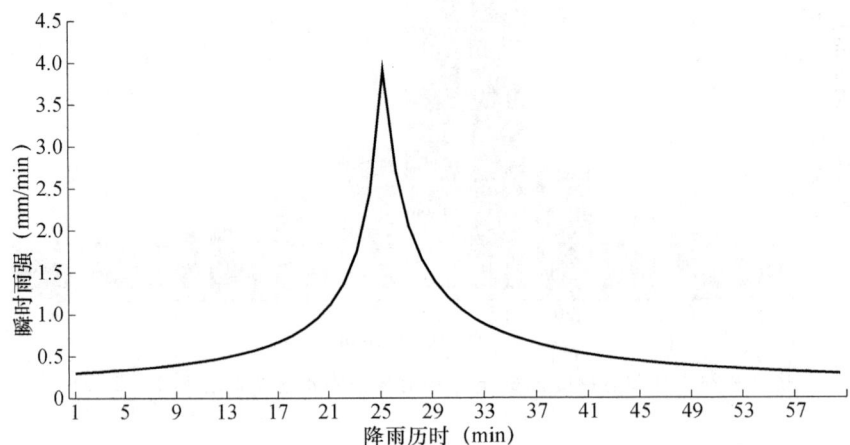

图 3-2-27　呼和浩特市区 60 min 历时瞬时雨强曲线（$P=100$ a）

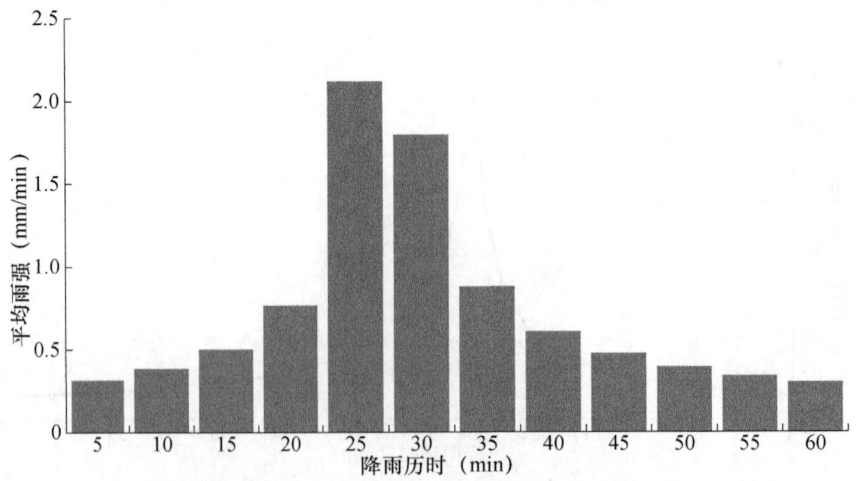

图 3-2-28　呼和浩特市区 60 min 历时分段降水芝加哥雨型（$P=100$ a）

呼和浩特市区60 min历时降雨主要为单峰雨型,各重现期都只有一个峰值,瞬时降雨设计芝加哥雨型的雨峰出现在降水过程的25 min位置;分段降水(单位时段以5 min计)设计芝加哥雨型峰时发生在第5位。

3.2.3　呼和浩特市区 90 min 历时雨型

(1)呼和浩特市区90 min历时2 a重现期芝加哥雨型设计的瞬时雨强曲线见图3-2-29,分段降水(单位时段以5 min计)芝加哥雨型设计见图3-2-30。

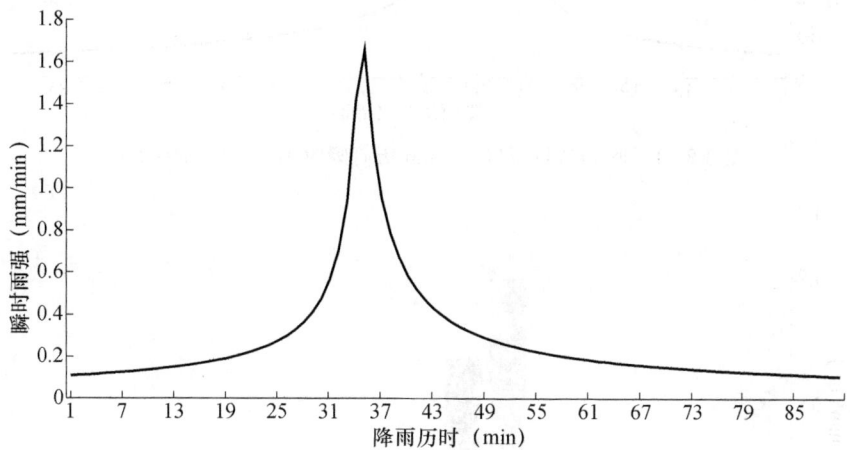

图 3-2-29　呼和浩特市区 90 min 历时瞬时雨强曲线($P=2$ a)

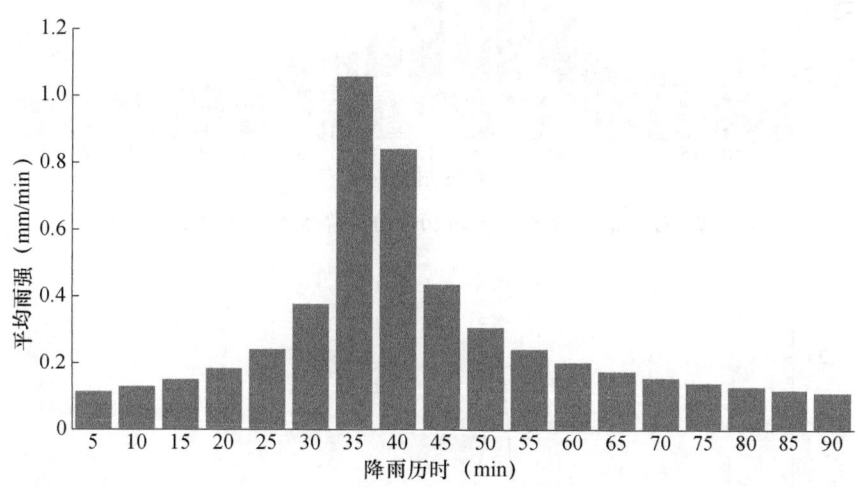

图 3-2-30　呼和浩特市区 90 min 历时分段降水芝加哥雨型($P=2$ a)

(2)呼和浩特市区90 min历时3 a重现期芝加哥雨型设计的瞬时雨强曲线见图3-2-31,分段降水(单位时段以5 min计)芝加哥雨型设计见图3-2-32。

(3)呼和浩特市区90 min历时5 a重现期芝加哥雨型设计的瞬时雨强曲线见图3-2-33,分段降水(单位时段以5 min计)芝加哥雨型设计见图3-2-34。

(4)呼和浩特市区90 min历时10 a重现期芝加哥雨型设计的瞬时雨强曲线见图3-2-35,分段降水(单位时段以5 min计)芝加哥雨型设计见图3-2-36。

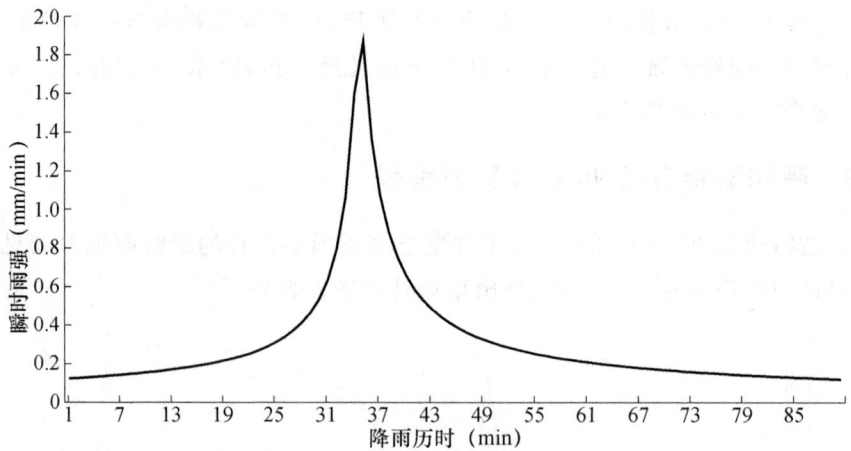

图 3-2-31 呼和浩特市区 90 min 历时瞬时雨强曲线($P=3$ a)

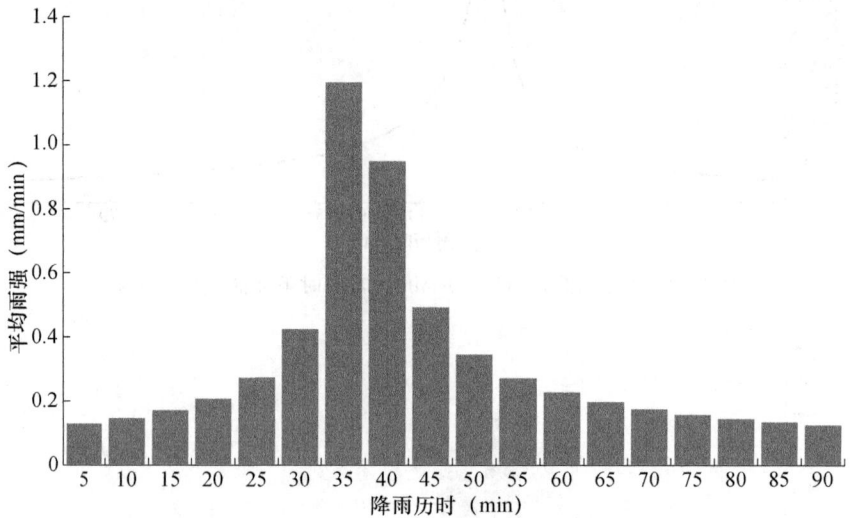

图 3-2-32 呼和浩特市区 90 min 历时分段降水芝加哥雨型($P=3$ a)

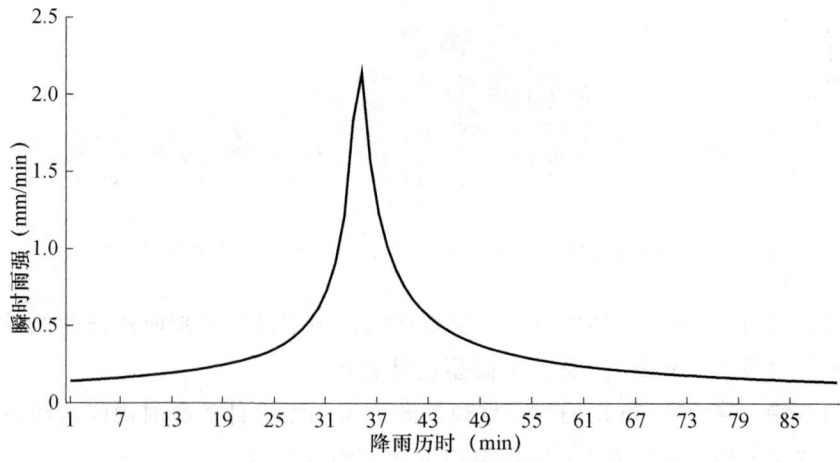

图 3-2-33 呼和浩特市区 90 min 历时瞬时雨强曲线($P=5$ a)

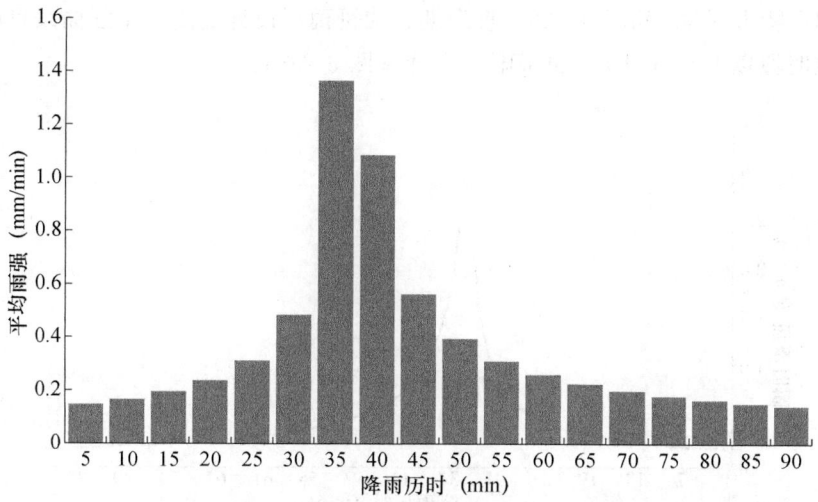

图 3-2-34　呼和浩特市区 90 min 历时分段降水芝加哥雨型（$P=5$ a）

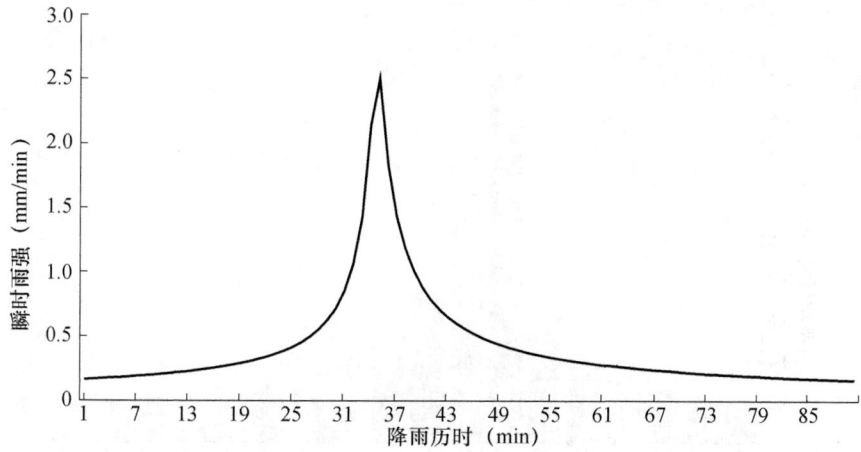

图 3-2-35　呼和浩特市区 90 min 历时瞬时雨强曲线（$P=10$ a）

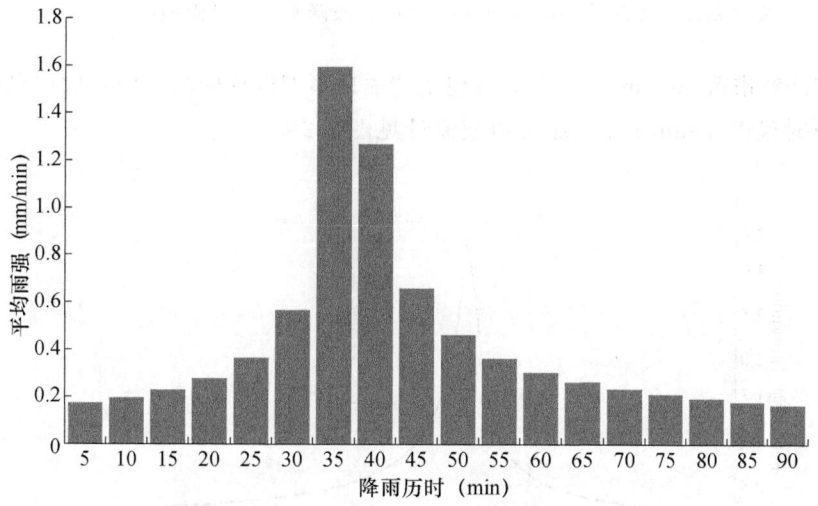

图 3-2-36　呼和浩特市区 90 min 历时分段降水芝加哥雨型（$P=10$ a）

(5)呼和浩特市区 90 min 历时 20 a 重现期芝加哥雨型设计的瞬时雨强曲线见图 3-2-37,分段降水(单位时段以 5 min 计)芝加哥雨型设计见图 3-2-38。

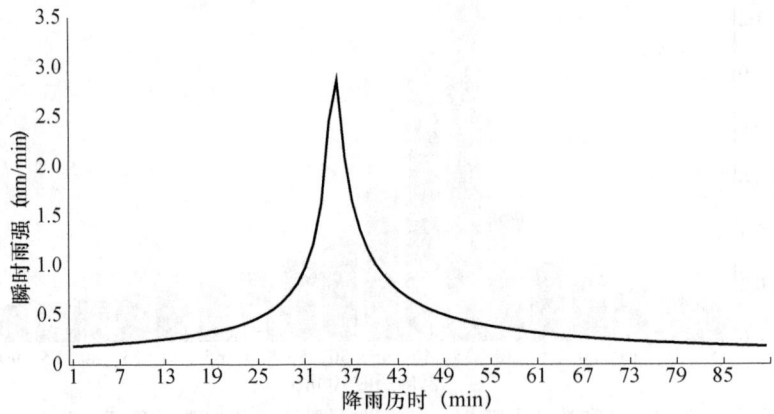

图 3-2-37　呼和浩特市区 90 min 历时瞬时雨强曲线($P=20$ a)

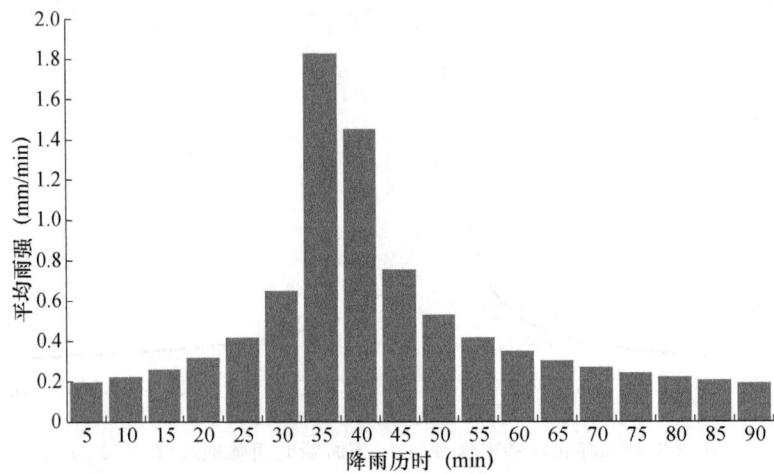

图 3-2-38　呼和浩特市区 90 min 历时分段降水芝加哥雨型($P=20$ a)

(6)呼和浩特市区 90 min 历时 50 a 重现期芝加哥雨型设计的瞬时雨强曲线见图 3-2-39,分段降水(单位时段以 5 min 计)芝加哥雨型设计见图 3-2-40。

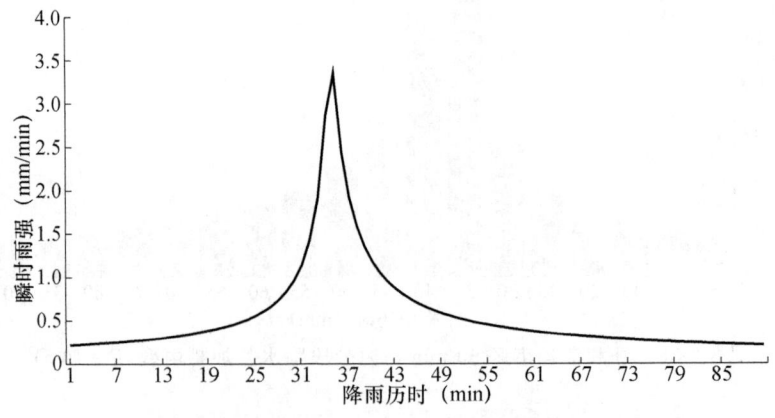

图 3-2-39　呼和浩特市区 90 min 历时瞬时雨强曲线($P=50$ a)

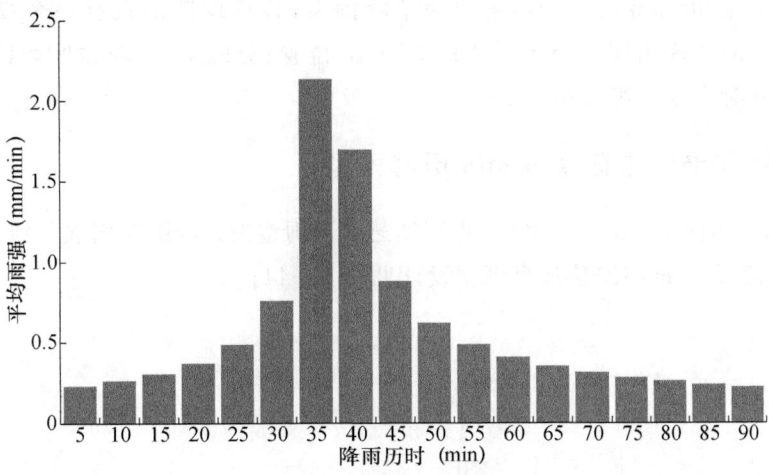

图 3-2-40　呼和浩特市区 90 min 历时分段降水芝加哥雨型（$P=50$ a）

(7)呼和浩特市区 90 min 历时 100 a 重现期芝加哥雨型设计的瞬时雨强曲线见图 3-2-41，分段降水(单位时段以 5 min 计)芝加哥雨型设计见图 3-2-42。

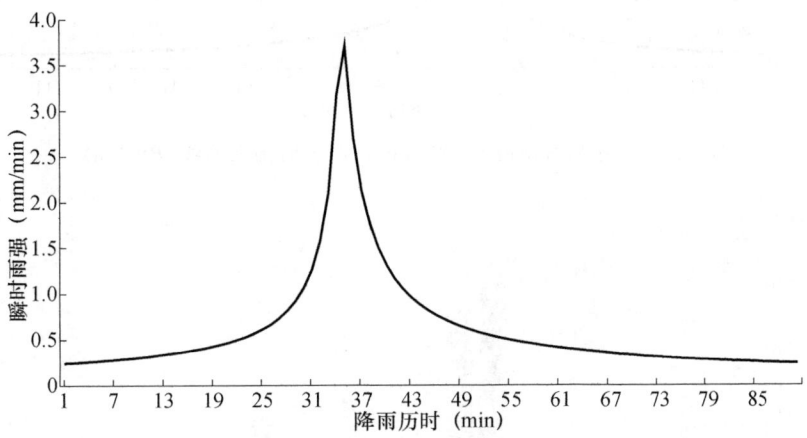

图 3-2-41　呼和浩特市区 90 min 历时瞬时雨强曲线（$P=100$ a）

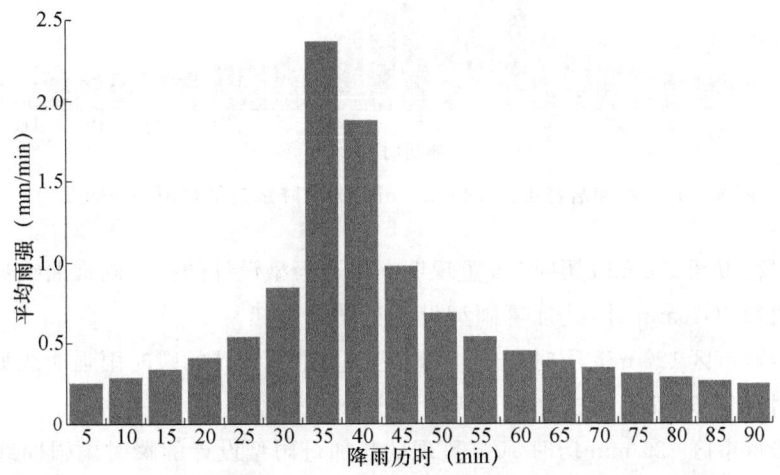

图 3-2-42　呼和浩特市区 90 min 历时分段降水芝加哥雨型（$P=100$ a）

呼和浩特市区 90 min 历时降雨主要为单峰雨型,各重现期都只有一个峰值,瞬时降雨设计芝加哥雨型的雨峰出现在降水过程的 35 min 位置;分段降水(单位时段以 5 min 计)设计芝加哥雨型峰时发生在第 7 位。

3.2.4　呼和浩特市区 120 min 历时雨型

(1)呼和浩特市区 120 min 历时 2 a 重现期芝加哥雨型设计的瞬时雨强曲线见图 3-2-43,分段降水(单位时段以 5 min 计)芝加哥雨型设计见图 3-2-44。

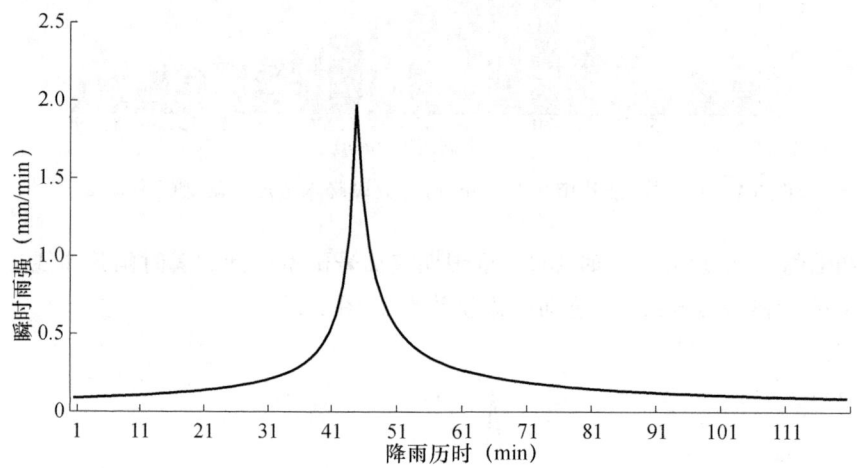

图 3-2-43　呼和浩特市区 120 min 历时瞬时雨强曲线($P=2$ a)

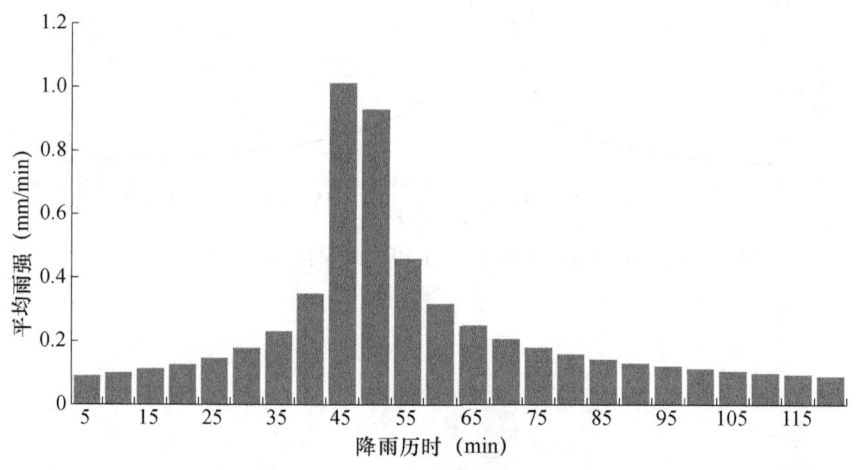

图 3-2-44　呼和浩特市区 120 min 历时分段降水芝加哥雨型($P=2$ a)

(2)呼和浩特市区 120 min 历时 3 a 重现期芝加哥雨型设计的瞬时雨强曲线见图 3-2-45,分段降水(单位时段以 5 min 计)芝加哥雨型设计见图 3-2-46。

(3)呼和浩特市区 120 min 历时 5 a 重现期芝加哥雨型设计的瞬时雨强曲线见图 3-2-47,分段降水(单位时段以 5 min 计)芝加哥雨型设计见图 3-2-48。

(4)呼和浩特市区 120 min 历时 10 a 重现期芝加哥雨型设计的瞬时雨强曲线见图 3-2-49,分段降水(单位时段以 5 min 计)芝加哥雨型设计见图 3-2-50。

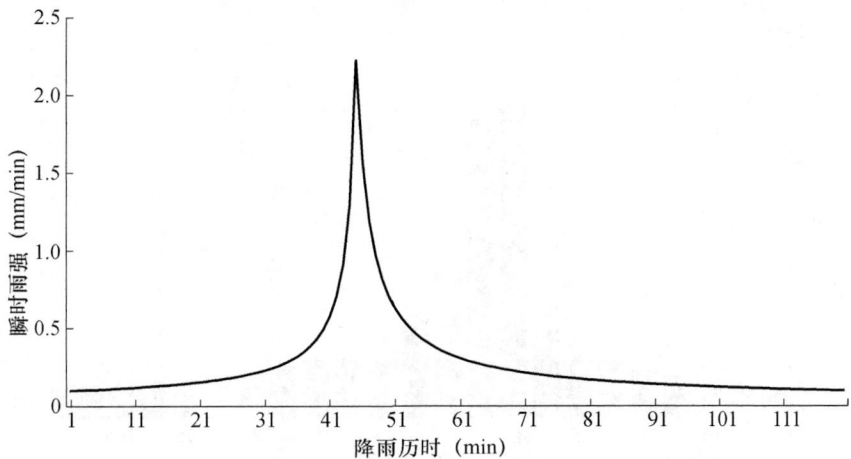

图 3-2-45　呼和浩特市区 120 min 历时瞬时雨强曲线($P=3$ a)

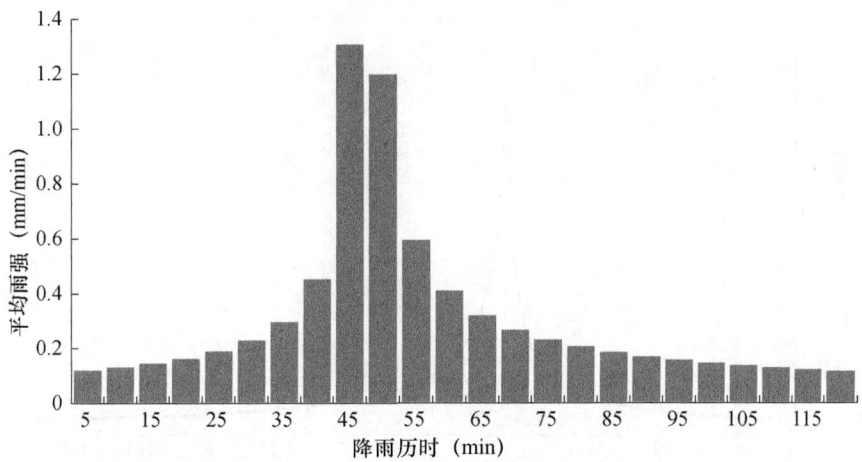

图 3-2-46　呼和浩特市区 120 min 历时分段降水芝加哥雨型($P=3$ a)

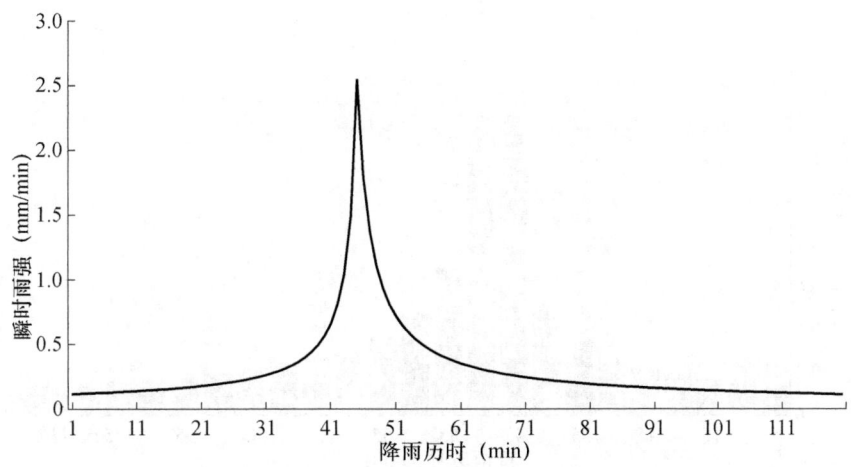

图 3-2-47　呼和浩特市区 120 min 历时瞬时雨强曲线($P=5$ a)

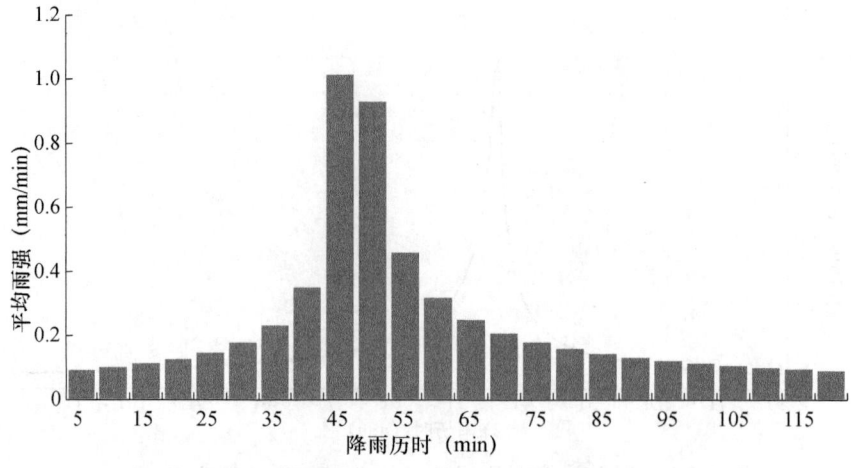

图 3-2-48　呼和浩特市区 120 min 历时分段降水芝加哥雨型（$P=5$ a）

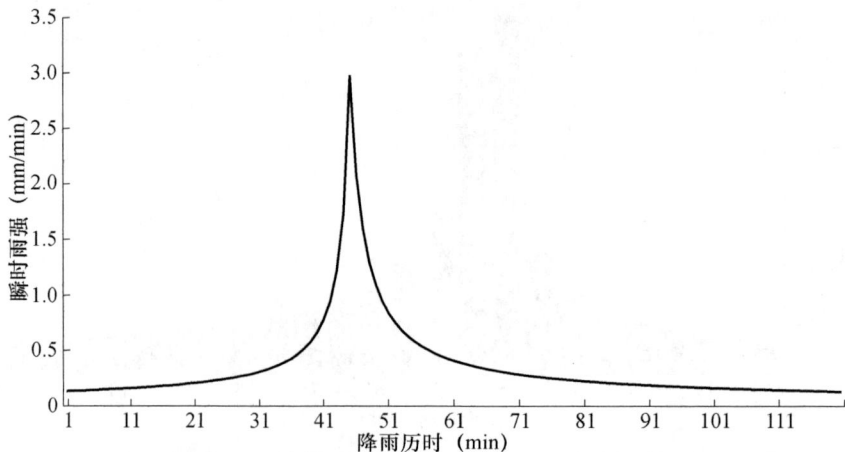

图 3-2-49　呼和浩特市区 120 min 历时瞬时雨强曲线（$P=10$ a）

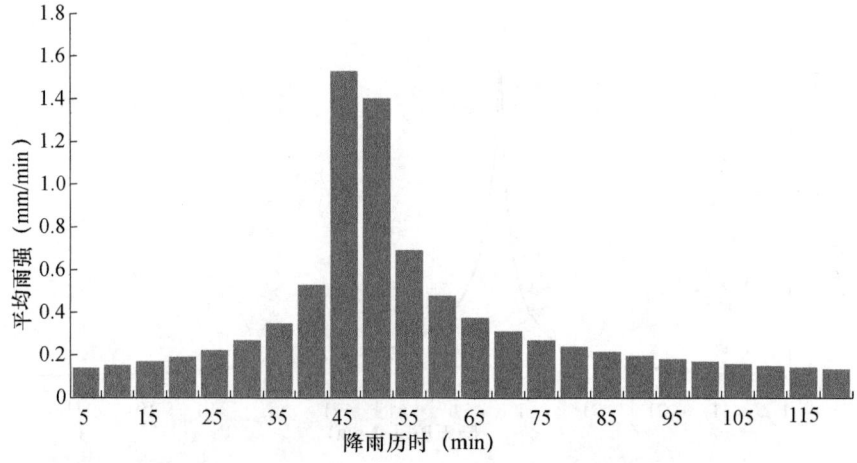

图 3-2-50　呼和浩特市区 120 min 历时分段降水芝加哥雨型（$P=10$ a）

(5)呼和浩特市区 120 min 历时 20 a 重现期芝加哥雨型设计的瞬时雨强曲线见图 3-2-51，分段降水(单位时段以 5 min 计)芝加哥雨型设计见图 3-2-52。

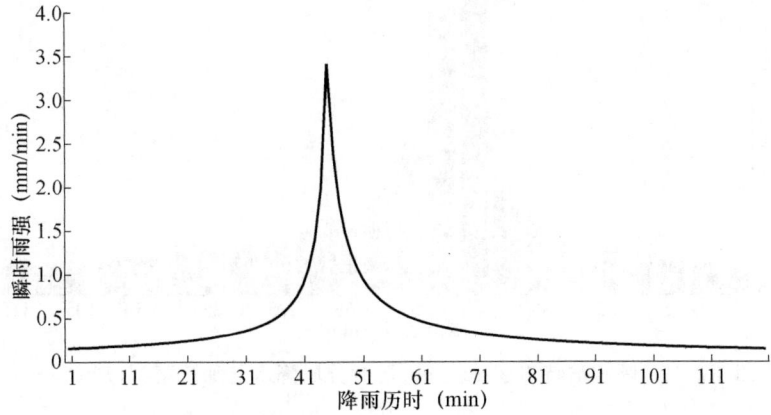

图 3-2-51　呼和浩特市区 120 min 历时瞬时雨强曲线($P=20$ a)

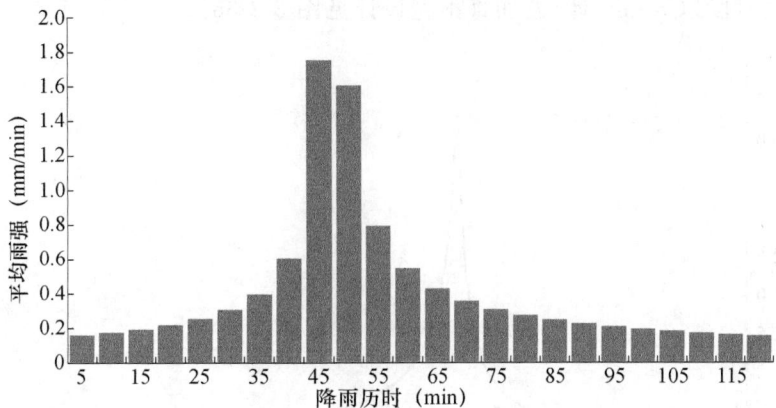

图 3-2-52　呼和浩特市区 120 min 历时分段降水芝加哥雨型($P=20$ a)

(6)呼和浩特市区 120 min 历时 50 a 重现期芝加哥雨型设计的瞬时雨强曲线见图 3-2-53，分段降水(单位时段以 5 min 计)芝加哥雨型设计见图 3-2-54。

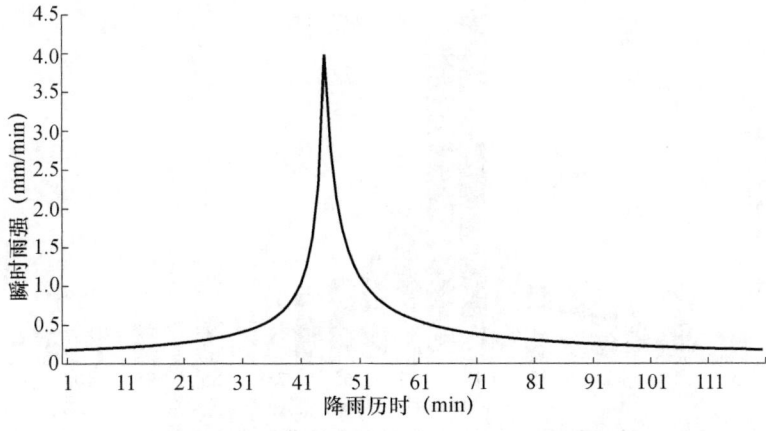

图 3-2-53　呼和浩特市区 120 min 历时瞬时雨强曲线($P=50$ a)

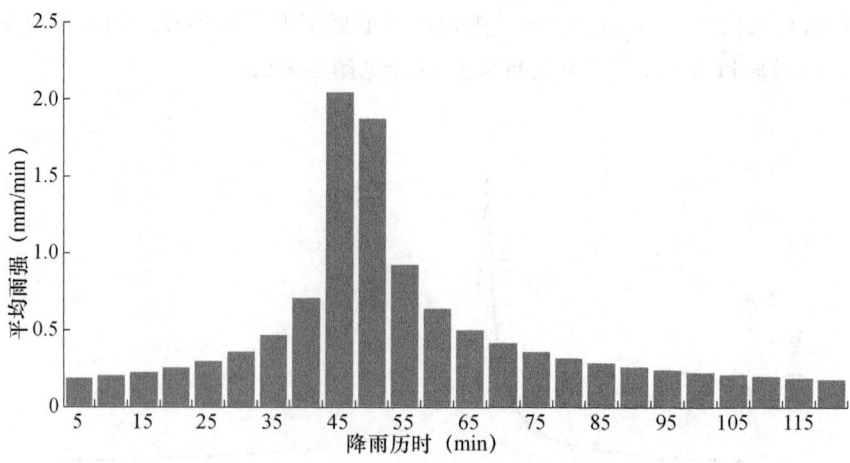

图 3-2-54　呼和浩特市区 120 min 历时分段降水芝加哥雨型（$P=50$ a）

（7）呼和浩特市区 120 min 历时 100 a 重现期芝加哥雨型设计的瞬时雨强曲线见图 3-2-55，分段降水（单位时段以 5 min 计）芝加哥雨型设计见图 3-2-56。

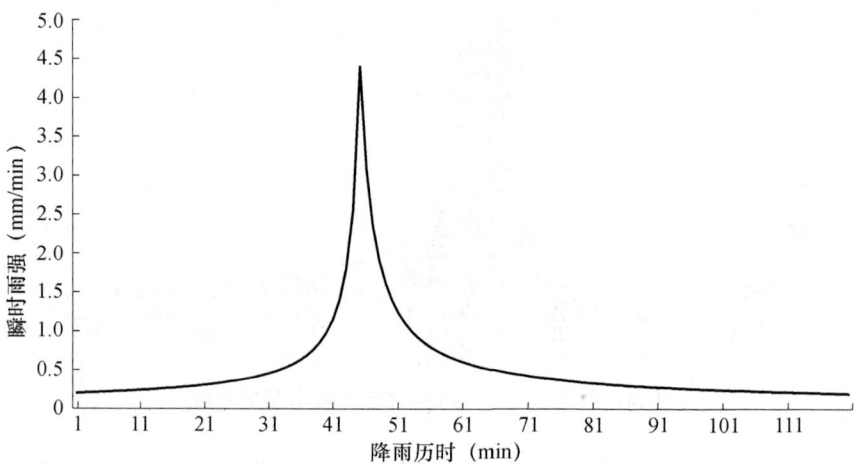

图 3-2-55　呼和浩特市区 120 min 历时瞬时雨强曲线（$P=100$ a）

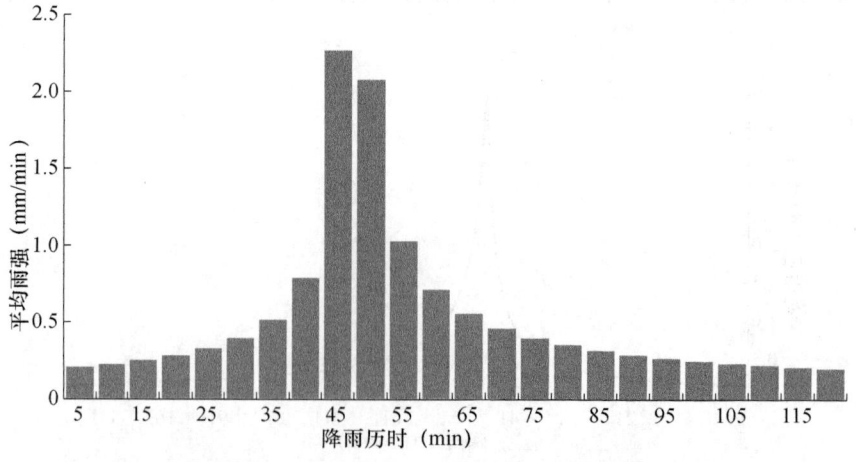

图 3-2-56　呼和浩特市区 120 min 历时分段降水芝加哥雨型（$P=100$ a）

呼和浩特市区 120 min 历时降雨主要为单峰雨型,各重现期都只有一个峰值,瞬时降雨设计芝加哥雨型的雨峰出现在降水过程的 45 min 位置;分段降水(单位时段以 5 min 计)设计芝加哥雨型峰时发生在第 9 位。

3.2.5 呼和浩特市区 150 min 历时雨型

(1)呼和浩特市区 150 min 历时 2 a 重现期芝加哥雨型设计的瞬时雨强曲线见图 3-2-57,分段降水(单位时段以 5 min 计)芝加哥雨型设计见图 3-2-58。

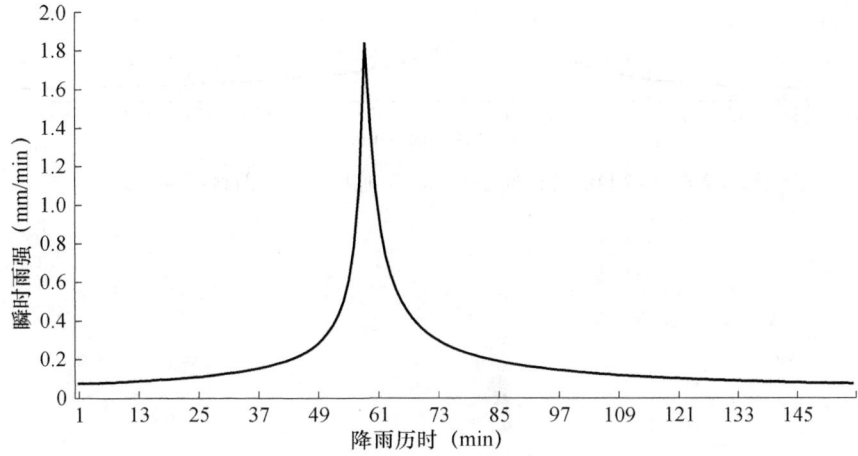

图 3-2-57　呼和浩特市区 150 min 历时瞬时雨强曲线($P=2$ a)

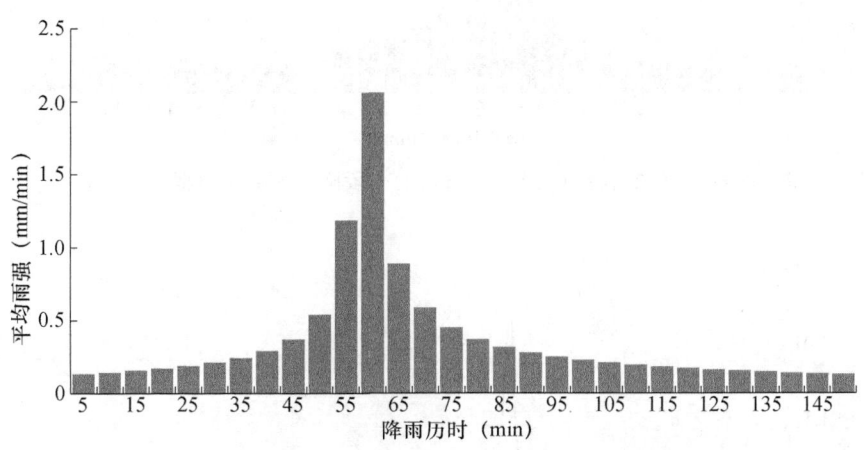

图 3-2-58　呼和浩特市区 150 min 历时分段降水芝加哥雨型($P=2$ a)

(2)呼和浩特市区 150 min 历时 3 a 重现期芝加哥雨型设计的瞬时雨强曲线见图 3-2-59,分段降水(单位时段以 5 min 计)芝加哥雨型设计见图 3-2-60。

(3)呼和浩特市区 150 min 历时 5 a 重现期芝加哥雨型设计的瞬时雨强曲线见图 3-2-61,分段降水(单位时段以 5 min 计)芝加哥雨型设计见图 3-2-62。

(4)呼和浩特市区 150 min 历时 10 a 重现期芝加哥雨型设计的瞬时雨强曲线见图 3-2-63,分段降水(单位时段以 5 min 计)芝加哥雨型设计见图 3-2-64。

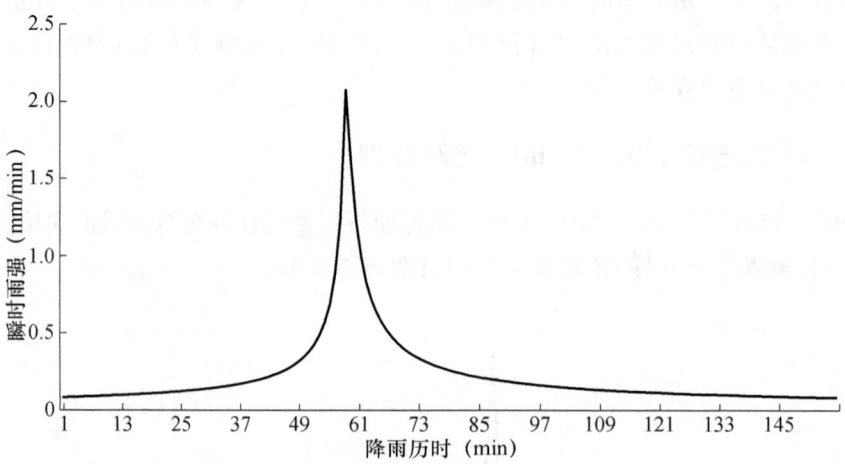

图 3-2-59　呼和浩特市区 150 min 历时瞬时雨强曲线（$P=3$ a）

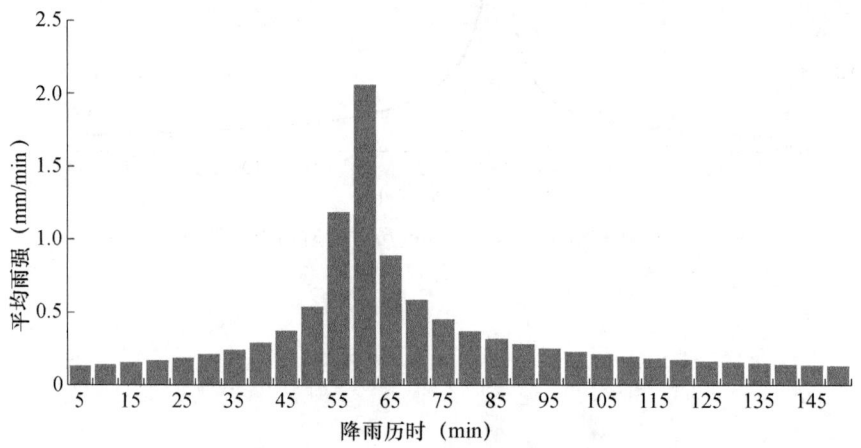

图 3-2-60　呼和浩特市区 150 min 历时分段降水芝加哥雨型（$P=3$ a）

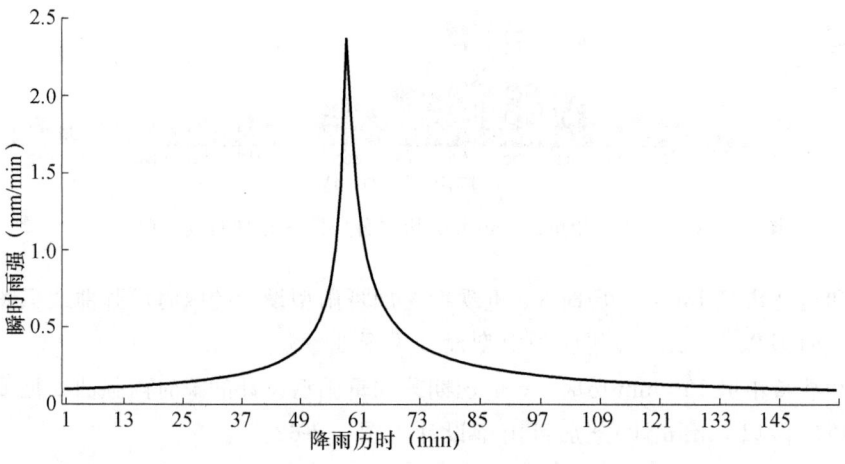

图 3-2-61　呼和浩特市区 150 min 历时瞬时雨强曲线（$P=5$ a）

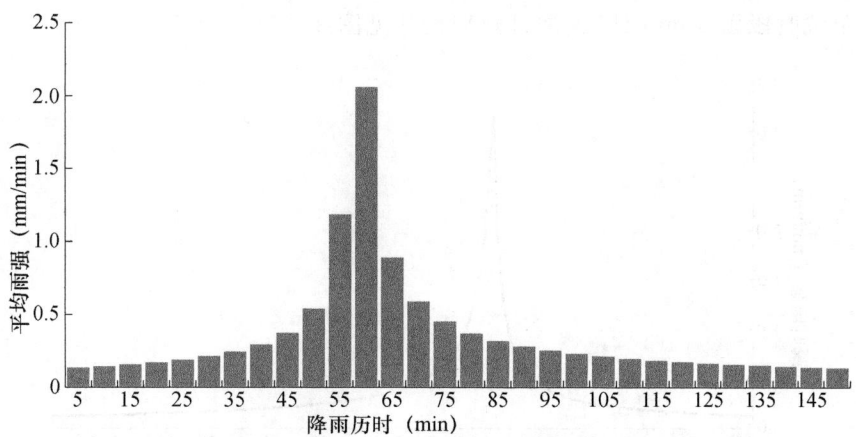

图 3-2-62　呼和浩特市区 150 min 历时分段降水芝加哥雨型($P=5$ a)

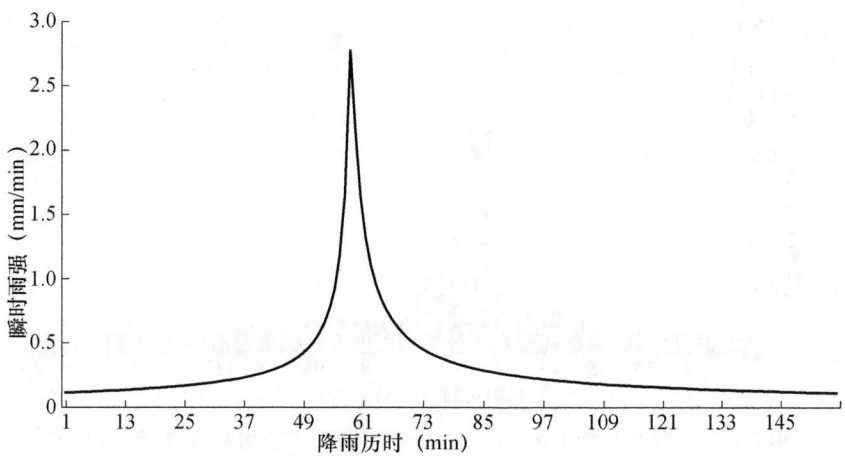

图 3-2-63　呼和浩特市区 150 min 历时瞬时雨强曲线($P=10$ a)

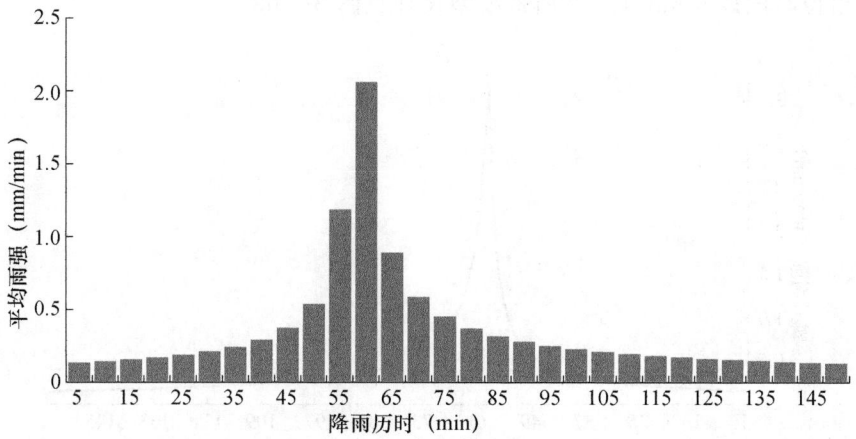

图 3-2-64　呼和浩特市区 150 min 历时分段降水芝加哥雨型($P=10$ a)

(5)呼和浩特市区 150 min 历时 20 a 重现期芝加哥雨型设计的瞬时雨强曲线见图 3-2-65，分段降水(单位时段以 5 min 计)芝加哥雨型设计见图 3-2-66。

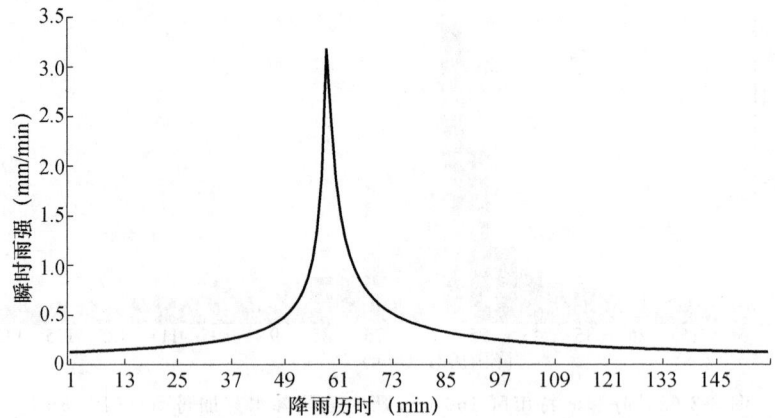

图 3-2-65　呼和浩特市区 150 min 历时瞬时雨强曲线($P=20$ a)

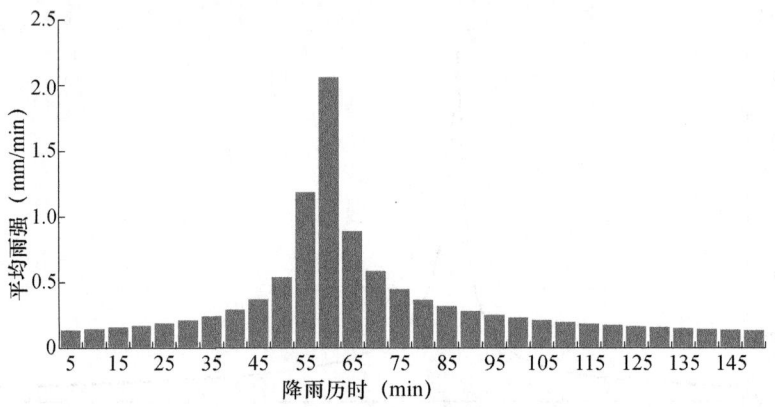

图 3-2-66　呼和浩特市区 150 min 历时分段降水芝加哥雨型($P=20$ a)

(6)呼和浩特市区 150 min 历时 50 a 重现期芝加哥雨型设计的瞬时雨强曲线见图 3-2-67，分段降水(单位时段以 5 min 计)芝加哥雨型设计见图 3-2-68。

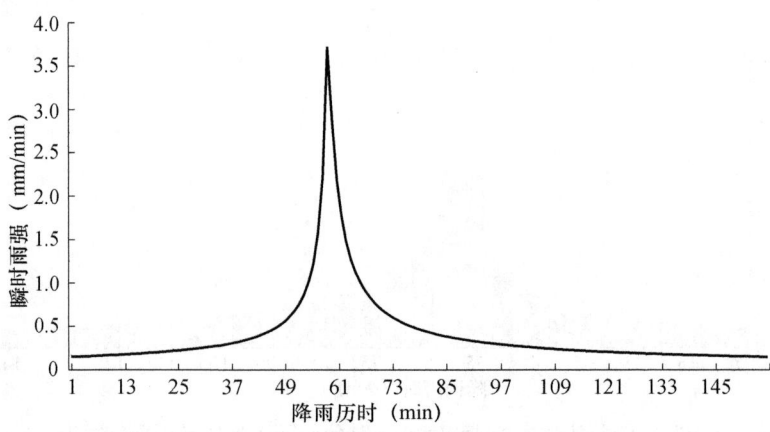

图 3-2-67　呼和浩特市区 150 min 历时瞬时雨强曲线($P=50$ a)

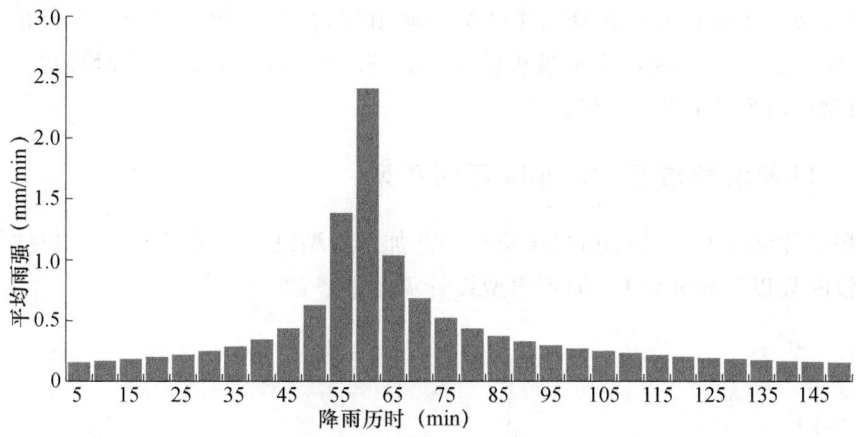

图 3-2-68　呼和浩特市区 150 min 历时分段降水芝加哥雨型（$P=50$ a）

(7)呼和浩特市区 150 min 历时 100 a 重现期芝加哥雨型设计的瞬时雨强曲线见图 3-2-69，分段降水（单位时段以 5 min 计）芝加哥雨型设计见图 3-2-70。

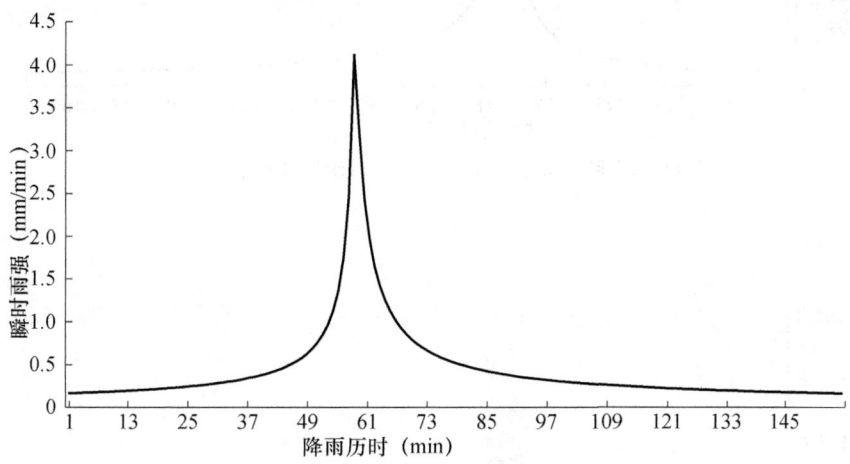

图 3-2-69　呼和浩特市区 150 min 历时瞬时雨强曲线（$P=100$ a）

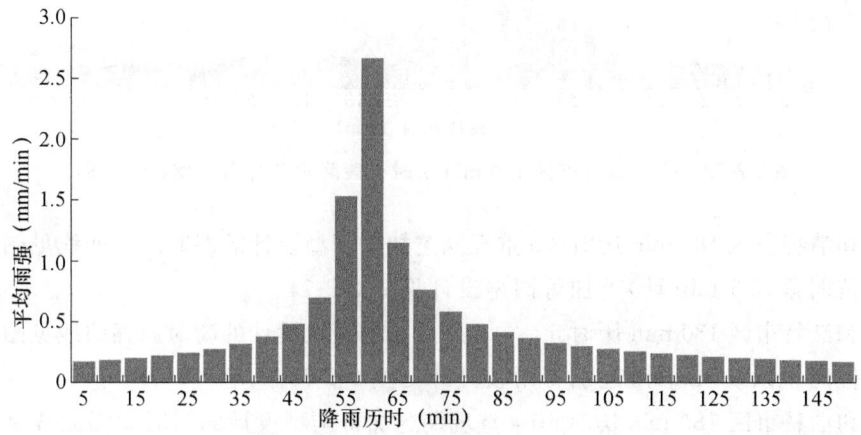

图 3-2-70　呼和浩特市区 150 min 历时分段降水芝加哥雨型（$P=100$ a）

呼和浩特市区 150 min 历时降雨主要为单峰雨型,各重现期都只有一个峰值,瞬时降雨设计芝加哥雨型的雨峰出现在降水过程的 56 min 位置;分段降水(单位时段以 5 min 计)设计芝加哥雨型峰时发生在第 12 位。

3.2.6 呼和浩特市区 180 min 历时雨型

(1)呼和浩特市区 180 min 历时 2 a 重现期芝加哥雨型设计的瞬时雨强曲线见图 3-2-71,分段降水(单位时段以 5 min 计)芝加哥雨型设计见图 3-2-72。

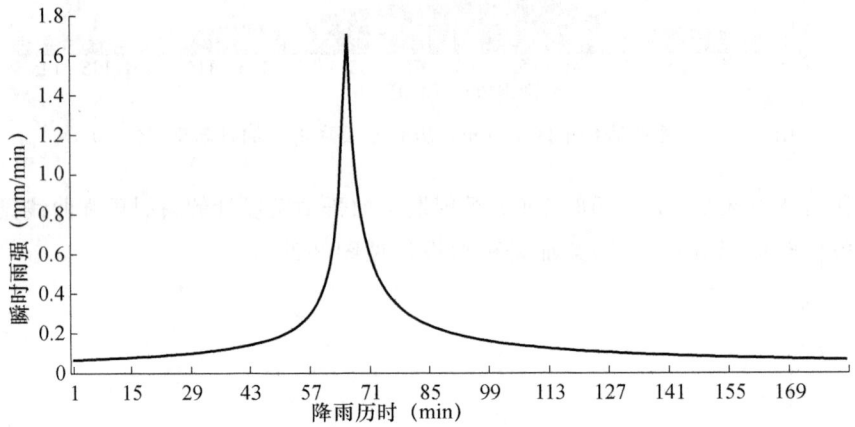

图 3-2-71　呼和浩特市区 180 min 历时瞬时雨强曲线($P=2$ a)

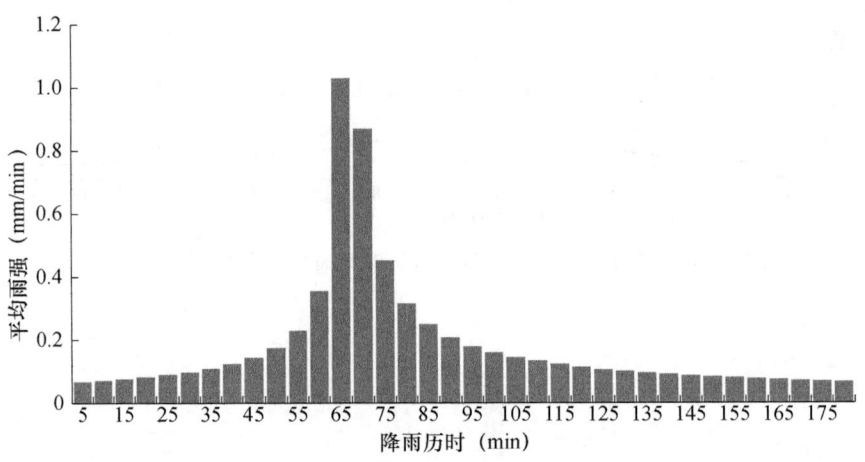

图 3-2-72　呼和浩特市区 180 min 历时分段降水芝加哥雨型($P=2$ a)

(2)呼和浩特市区 180 min 历时 3 a 重现期芝加哥雨型设计的瞬时雨强曲线见图 3-2-73,分段降水(单位时段以 5 min 计)芝加哥雨型设计见图 3-2-74。

(3)呼和浩特市区 180 min 历时 5 a 重现期芝加哥雨型设计的瞬时雨强曲线见图 3-2-75,分段降水(单位时段以 5 min 计)芝加哥雨型设计见图 3-2-76。

(4)呼和浩特市区 180 min 历时 10 a 重现期芝加哥雨型设计的瞬时雨强曲线见图 3-2-77,分段降水(单位时段以 5 min 计)芝加哥雨型设计见图 3-2-78。

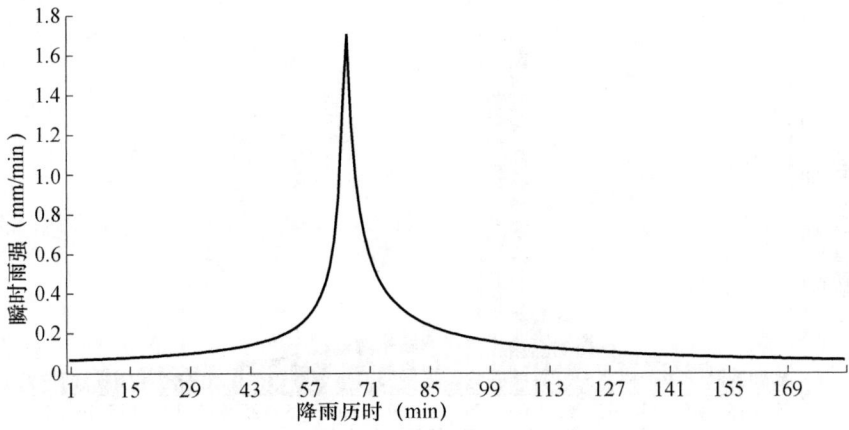

图 3-2-73　呼和浩特市区 180 min 历时瞬时雨强曲线（$P=3$ a）

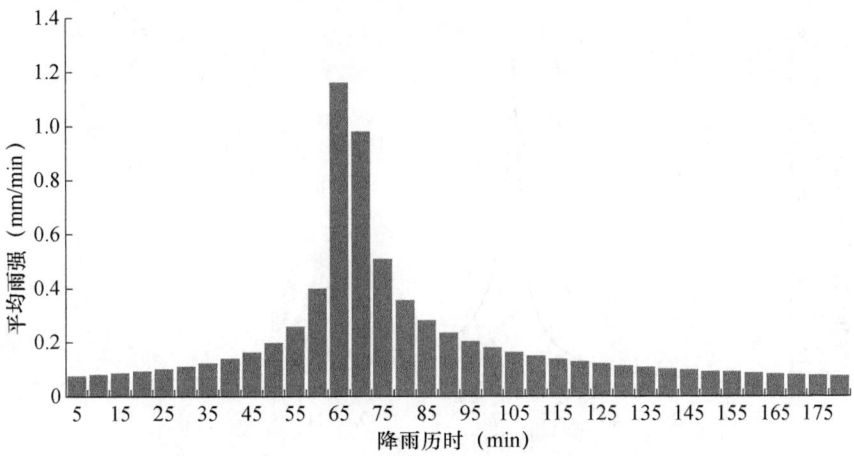

图 3-2-74　呼和浩特市区 180 min 历时分段降水芝加哥雨型（$P=3$ a）

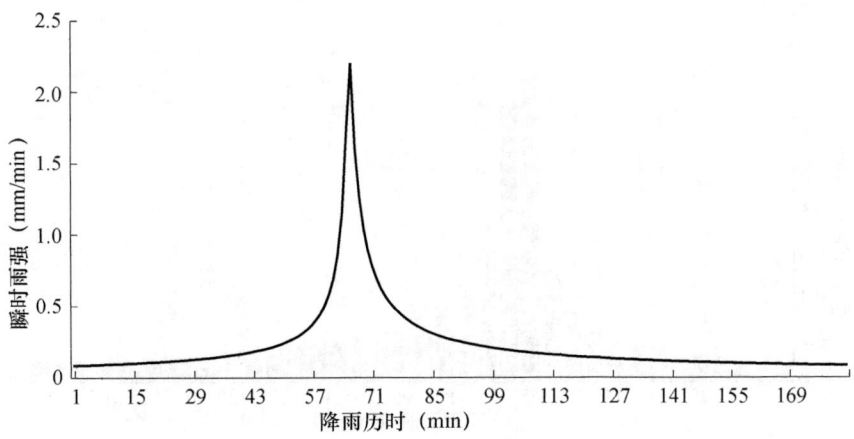

图 3-2-75　呼和浩特市区 180 min 历时瞬时雨强曲线（$P=5$ a）

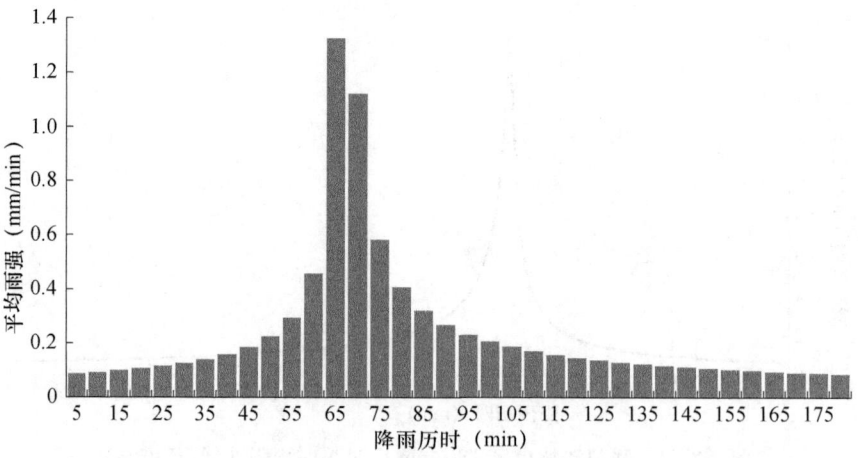

图 3-2-76　呼和浩特市区 180 min 历时分段降水芝加哥雨型（$P=5$ a）

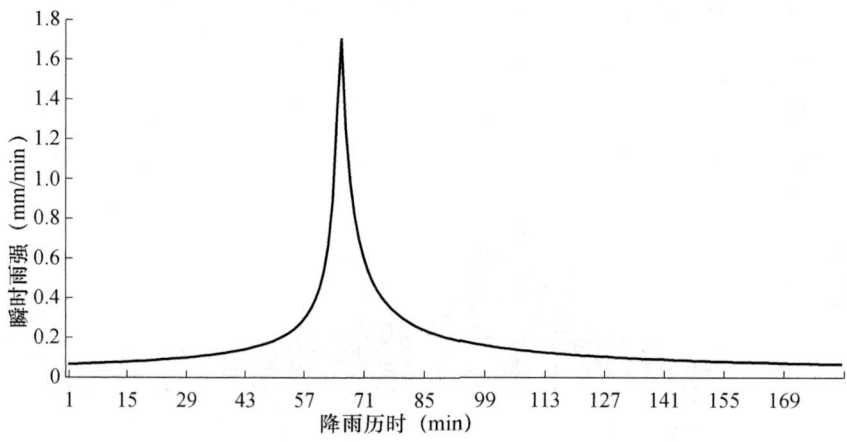

图 3-2-77　呼和浩特市区 180 min 历时瞬时雨强曲线（$P=10$ a）

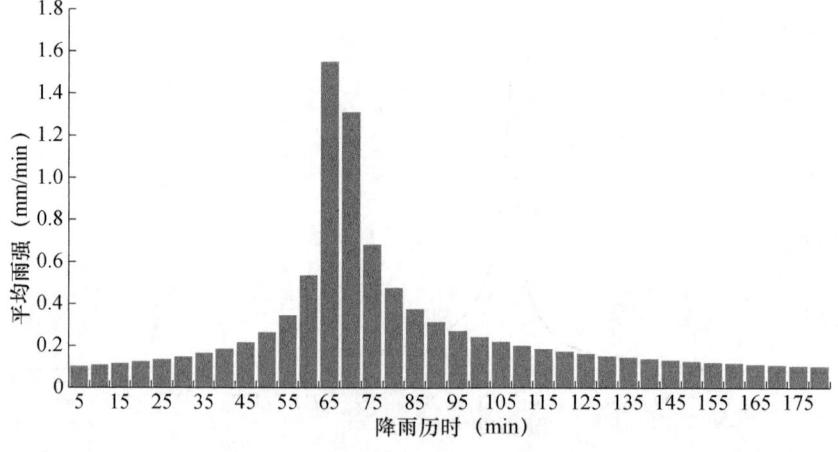

图 3-2-78　呼和浩特市区 180 min 历时分段降水芝加哥雨型（$P=10$ a）

(5)呼和浩特市区 180 min 历时 20 a 重现期芝加哥雨型设计的瞬时雨强曲线见图 3-2-79，分段降水(单位时段以 5 min 计)芝加哥雨型设计见图 3-2-80。

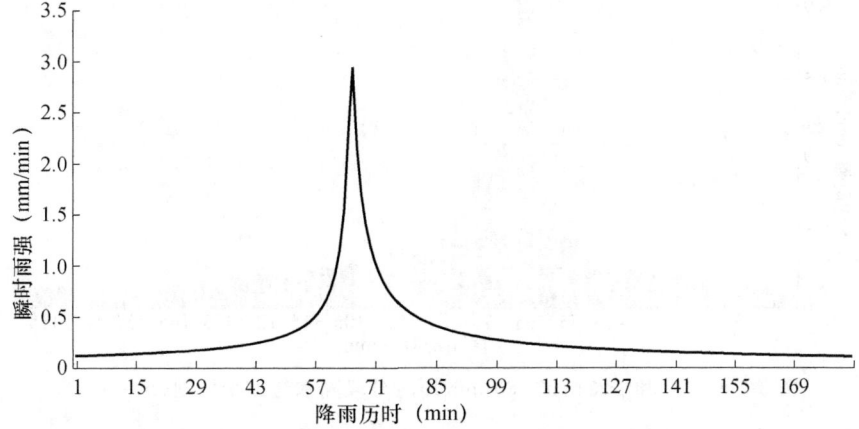

图 3-2-79　呼和浩特市区 180 min 历时瞬时雨强曲线($P=20$ a)

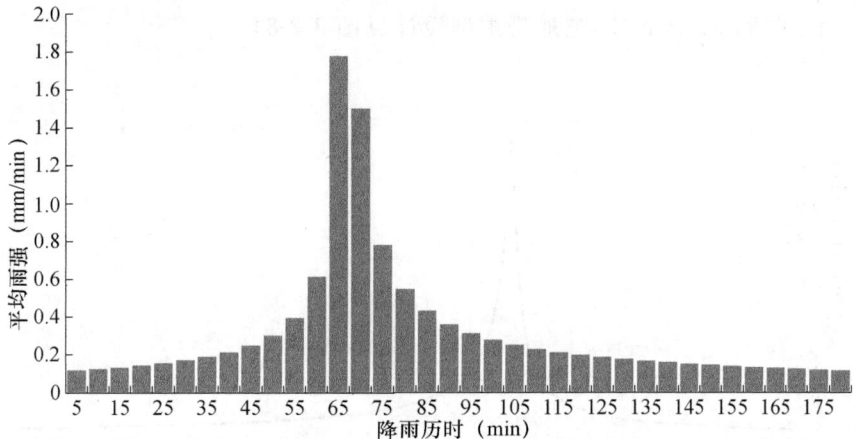

图 3-2-80　呼和浩特市区 180 min 历时分段降水芝加哥雨型($P=20$ a)

(6)呼和浩特市区 180 min 历时 50 a 重现期芝加哥雨型设计的瞬时雨强曲线见图 3-2-81，分段降水(单位时段以 5 min 计)芝加哥雨型设计见图 3-2-82。

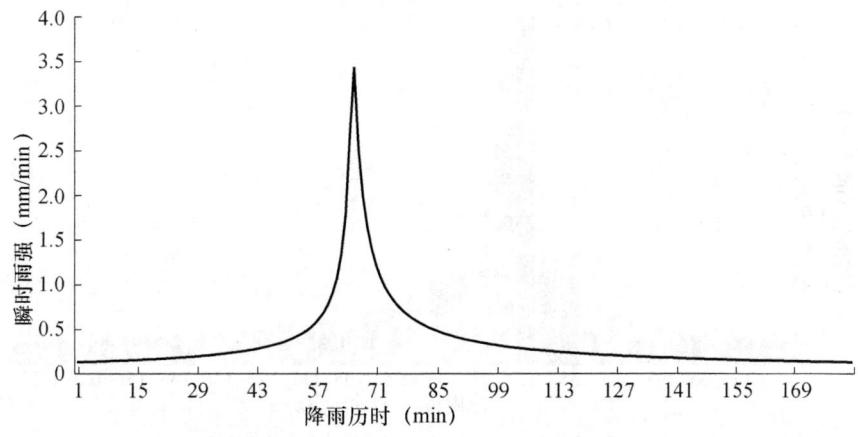

图 3-2-81　呼和浩特市区 180 min 历时瞬时雨强曲线($P=50$ a)

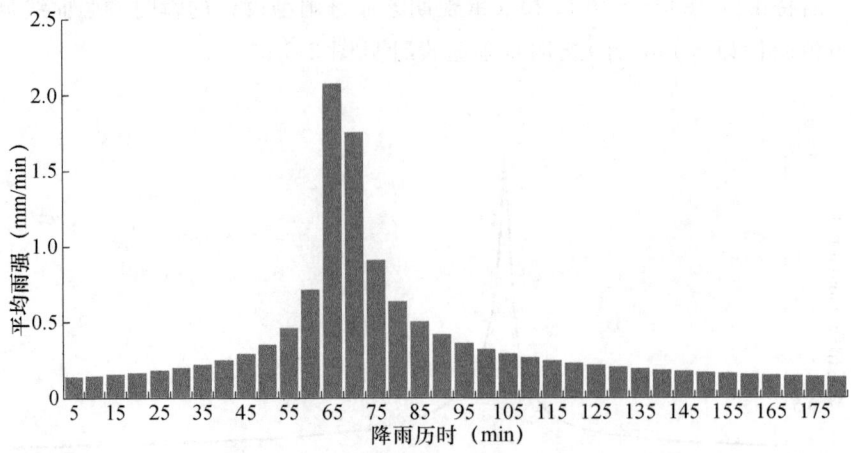

图 3-2-82　呼和浩特市区 180 min 历时分段降水芝加哥雨型（$P=50$ a）

（7）呼和浩特市区 180 min 历时 100 a 重现期芝加哥雨型设计的瞬时雨强曲线见图 3-2-83，分段降水（单位时段以 5 min 计）芝加哥雨型设计见图 3-2-84。

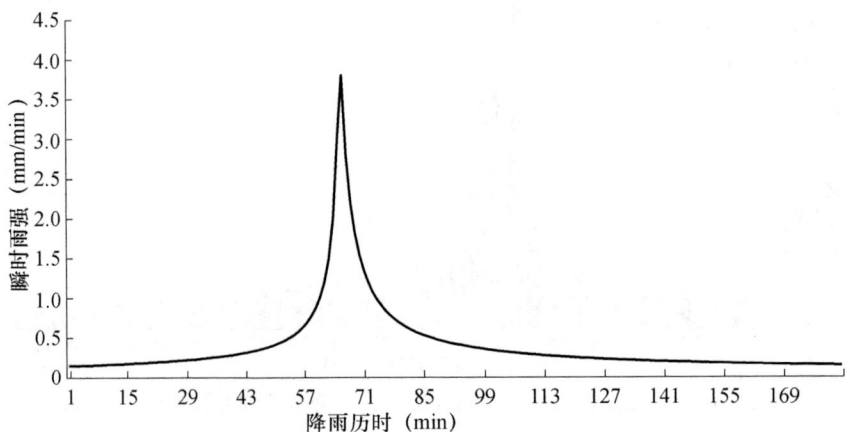

图 3-2-83　呼和浩特市区 180 min 历时瞬时雨强曲线（$P=100$ a）

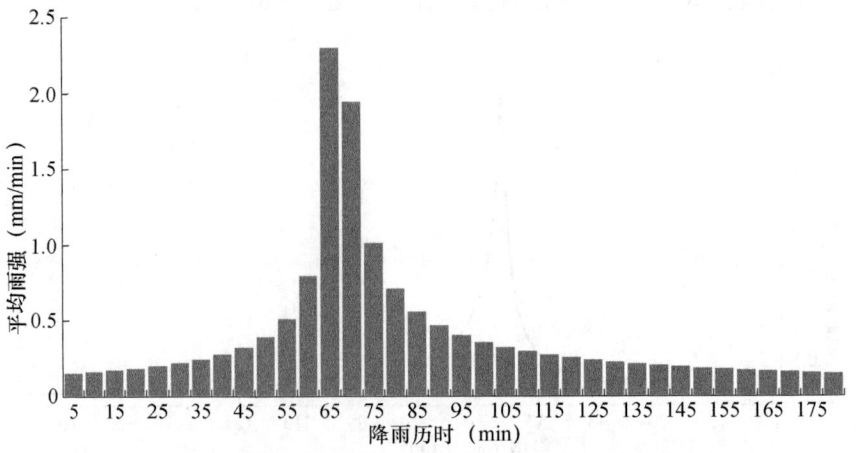

图 3-2-84　呼和浩特市区 180 min 历时分段降水芝加哥雨型（$P=100$ a）

呼和浩特市区 180 min 历时降雨主要为单峰雨型，各重现期都只有一个峰值，瞬时降雨设计芝加哥雨型的雨峰出现在降水过程的 65 min 位置；分段降水（单位时段以 5 min 计）设计芝加哥雨型峰时发生在第 13 位。

第4章 呼和浩特市区暴雨强度计算图表

4.1 呼和浩特市区暴雨强度与重现期关系表

呼和浩特市区暴雨强度与重现期关系见表 4-1-1～表 4-1-6。

表 4-1-1 呼和浩特市区 30 min 历时暴雨强度与重现期 P 关系表　　　　单位：mm/min

历时(min)	P=2 a	P=3 a	P=5 a	P=10 a	P=20 a	P=50 a	P=100 a
5	0.326	0.367	0.420	0.491	0.563	0.657	0.728
10	0.548	0.618	0.707	0.827	0.947	1.105	1.225
15	1.778	2.006	2.293	2.683	3.073	3.688	3.977
20	0.527	0.594	0.679	0.795	0.910	1.063	1.178
25	0.322	0.364	0.416	0.486	0.557	0.650	0.721
30	0.239	0.270	0.308	0.361	0.413	0.482	0.535

表 4-1-2 呼和浩特市区 60 min 历时暴雨强度与重现期 P 关系表　　　　单位：mm/min

历时(min)	P=2 a	P=3 a	P=5 a	P=10 a	P=20 a	P=50 a	P=100 a
5	0.169	0.191	0.218	0.255	0.292	0.341	0.378
10	0.209	0.236	0.269	0.315	0.361	0.422	0.467
15	0.283	0.319	0.365	0.427	0.489	0.571	0.633
20	0.474	0.535	0.611	0.715	0.819	0.956	1.060
25	1.939	2.188	2.501	2.925	3.350	3.912	4.337
30	0.594	0.670	0.766	0.897	1.027	1.199	1.329
35	0.363	0.409	0.468	0.547	0.627	0.732	0.811
40	0.268	0.302	0.346	0.404	0.463	0.541	0.600
45	0.216	0.244	0.279	0.326	0.374	0.436	0.484
50	0.183	0.207	0.237	0.277	0.317	0.370	0.410
55	0.160	0.181	0.207	0.242	0.277	0.324	0.359
60	0.143	0.162	0.185	0.216	0.248	0.289	0.321

表 4-1-3 呼和浩特市区 90 min 历时暴雨强度与重现期 P 关系表　　　　单位：mm/min

历时(min)	P=2 a	P=3 a	P=5 a	P=10 a	P=20 a	P=50 a	P=100 a
5	0.120	0.135	0.155	0.181	0.207	0.242	0.268
10	0.137	0.155	0.177	0.207	0.237	0.276	0.306
15	0.162	0.182	0.208	0.244	0.279	0.326	0.361
20	0.201	0.227	0.259	0.303	0.347	0.405	0.449

续表

历时(min)	P=2 a	P=3 a	P=5 a	P=10 a	P=20 a	P=50 a	P=100 a
25	0.275	0.310	0.355	0.415	0.475	0.555	0.615
30	0.475	0.536	0.613	0.717	0.821	0.959	1.063
35	1.658	1.871	2.139	2.502	2.865	3.346	3.709
40	0.585	0.660	0.755	0.883	1.011	1.180	1.309
45	0.366	0.413	0.473	0.553	0.633	0.739	0.820
50	0.274	0.309	0.353	0.413	0.473	0.552	0.612
55	0.222	0.250	0.286	0.335	0.383	0.448	0.496
60	0.189	0.213	0.243	0.284	0.326	0.380	0.422
65	0.165	0.186	0.213	0.249	0.286	0.333	0.370
70	0.148	0.167	0.191	0.223	0.256	0.298	0.331
75	0.134	0.152	0.173	0.203	0.232	0.271	0.301
80	0.124	0.139	0.159	0.187	0.214	0.249	0.276
85	0.115	0.129	0.148	0.173	0.198	0.231	0.257
90	0.107	0.121	0.138	0.162	0.185	0.216	0.240

表 4-1-4　呼和浩特市区 120 min 历时暴雨强度与重现期 P 关系表　　单位：mm/min

历时(min)	P=2 a	P=3 a	P=5 a	P=10 a	P=20 a	P=50 a	P=100 a
5	0.095	0.107	0.123	0.144	0.164	0.192	0.213
10	0.105	0.118	0.135	0.158	0.181	0.211	0.234
15	0.117	0.132	0.150	0.176	0.202	0.235	0.261
20	0.133	0.150	0.171	0.201	0.230	0.268	0.297
25	0.156	0.176	0.202	0.236	0.270	0.315	0.350
30	0.193	0.218	0.249	0.291	0.334	0.390	0.432
35	0.261	0.295	0.337	0.394	0.451	0.527	0.584
40	0.437	0.493	0.564	0.660	0.755	0.882	0.978
45	1.974	2.227	2.546	2.978	3.411	3.983	4.415
50	0.625	0.706	0.807	0.944	1.081	1.262	1.399
55	0.382	0.431	0.493	0.577	0.661	0.772	0.855
60	0.283	0.319	0.364	0.426	0.488	0.570	0.632
65	0.228	0.257	0.294	0.344	0.394	0.460	0.510
70	0.193	0.218	0.249	0.291	0.334	0.390	0.432
75	0.169	0.190	0.218	0.255	0.292	0.341	0.378
80	0.151	0.170	0.195	0.228	0.261	0.304	0.337
85	0.137	0.154	0.177	0.207	0.237	0.276	0.306
90	0.126	0.142	0.162	0.190	0.217	0.254	0.281
95	0.117	0.132	0.150	0.176	0.202	0.235	0.261
100	0.109	0.123	0.141	0.164	0.188	0.220	0.244
105	0.102	0.116	0.132	0.155	0.177	0.207	0.229
110	0.097	0.109	0.125	0.146	0.167	0.195	0.217
115	0.092	0.104	0.119	0.139	0.159	0.186	0.206
120	0.088	0.099	0.113	0.132	0.151	0.177	0.196

表 4-1-5　呼和浩特市区 150 min 历时暴雨强度与重现期 P 关系表　　　　单位：mm/min

历时(min)	$P=2$ a	$P=3$ a	$P=5$ a	$P=10$ a	$P=20$ a	$P=50$ a	$P=100$ a
5	0.080	0.090	0.103	0.121	0.138	0.161	0.179
10	0.086	0.097	0.111	0.130	0.149	0.173	0.192
15	0.093	0.105	0.120	0.141	0.161	0.188	0.208
20	0.102	0.115	0.132	0.154	0.176	0.206	0.228
25	0.113	0.128	0.146	0.171	0.196	0.229	0.254
30	0.129	0.145	0.166	0.194	0.222	0.260	0.288
35	0.150	0.169	0.193	0.226	0.259	0.303	0.336
40	0.183	0.206	0.236	0.276	0.316	0.369	0.409
45	0.241	0.272	0.311	0.364	0.417	0.486	0.539
50	0.377	0.425	0.486	0.569	0.651	0.761	0.843
55	1.100	1.240	1.418	1.659	1.900	2.218	2.459
60	0.735	0.829	0.948	1.108	1.269	1.482	1.643
65	0.417	0.471	0.538	0.629	0.721	0.842	0.933
70	0.300	0.338	0.386	0.452	0.518	0.604	0.670
75	0.238	0.269	0.307	0.359	0.411	0.480	0.532
80	0.200	0.225	0.258	0.302	0.345	0.403	0.447
85	0.174	0.196	0.224	0.262	0.300	0.350	0.389
90	0.155	0.174	0.199	0.233	0.267	0.312	0.346
95	0.140	0.158	0.180	0.211	0.242	0.282	0.313
100	0.128	0.145	0.165	0.193	0.221	0.259	0.287
105	0.119	0.134	0.153	0.179	0.205	0.239	0.265
110	0.111	0.125	0.143	0.167	0.191	0.223	0.248
115	0.104	0.117	0.134	0.157	0.180	0.210	0.233
120	0.098	0.111	0.127	0.148	0.170	0.198	0.220
125	0.093	0.105	0.120	0.140	0.161	0.188	0.208
130	0.089	0.100	0.114	0.134	0.153	0.179	0.198
135	0.085	0.096	0.109	0.128	0.146	0.171	0.189
140	0.081	0.092	0.105	0.122	0.140	0.164	0.181
145	0.078	0.088	0.100	0.118	0.135	0.157	0.174
150	0.075	0.085	0.097	0.113	0.130	0.151	0.168

表 4-1-6　呼和浩特市区 180 min 历时暴雨强度与重现期 P 关系表　　　　单位：mm/min

历时(min)	P=2 a	P=3 a	P=5 a	P=10 a	P=20 a	P=50 a	P=100 a
5	0.070	0.079	0.090	0.106	0.121	0.141	0.156
10	0.074	0.084	0.096	0.112	0.128	0.150	0.166
15	0.079	0.090	0.102	0.120	0.137	0.160	0.178
20	0.085	0.096	0.110	0.129	0.148	0.172	0.191
25	0.093	0.105	0.120	0.140	0.161	0.187	0.208
30	0.102	0.115	0.132	0.154	0.177	0.206	0.228
35	0.114	0.129	0.147	0.172	0.197	0.230	0.255
40	0.130	0.147	0.168	0.197	0.225	0.263	0.291
45	0.154	0.173	0.198	0.232	0.265	0.310	0.343
50	0.191	0.215	0.246	0.287	0.329	0.384	0.426
55	0.260	0.294	0.336	0.393	0.450	0.525	0.582
60	0.449	0.506	0.579	0.677	0.775	0.905	1.003
65	1.705	1.924	2.199	2.572	2.946	3.440	3.813
70	0.606	0.683	0.781	0.914	1.046	1.222	1.354
75	0.379	0.428	0.489	0.572	0.655	0.765	0.848
80	0.283	0.319	0.365	0.426	0.488	0.570	0.632
85	0.229	0.258	0.295	0.345	0.396	0.462	0.512
90	0.195	0.219	0.251	0.294	0.336	0.392	0.435
95	0.170	0.192	0.220	0.257	0.294	0.344	0.381
100	0.152	0.172	0.197	0.230	0.263	0.308	0.341
105	0.138	0.156	0.179	0.209	0.239	0.279	0.310
110	0.127	0.144	0.164	0.192	0.220	0.257	0.285
115	0.118	0.133	0.152	0.178	0.204	0.238	0.264
120	0.110	0.125	0.142	0.167	0.191	0.223	0.247
125	0.104	0.117	0.134	0.157	0.179	0.210	0.232
130	0.098	0.111	0.127	0.148	0.170	0.198	0.220
135	0.093	0.105	0.120	0.141	0.161	0.188	0.209
140	0.089	0.100	0.115	0.134	0.154	0.179	0.199
145	0.085	0.096	0.110	0.128	0.147	0.171	0.190
150	0.081	0.092	0.105	0.123	0.141	0.164	0.182
155	0.078	0.088	0.101	0.118	0.135	0.158	0.175
160	0.075	0.085	0.097	0.114	0.130	0.152	0.169
165	0.073	0.082	0.094	0.110	0.126	0.147	0.163
170	0.070	0.079	0.091	0.106	0.122	0.142	0.157
175	0.068	0.077	0.088	0.103	0.118	0.138	0.153
180	0.067	0.076	0.086	0.101	0.116	0.135	0.150

4.2 呼和浩特市区各历时降雨强度曲线图(图 4-2-1)

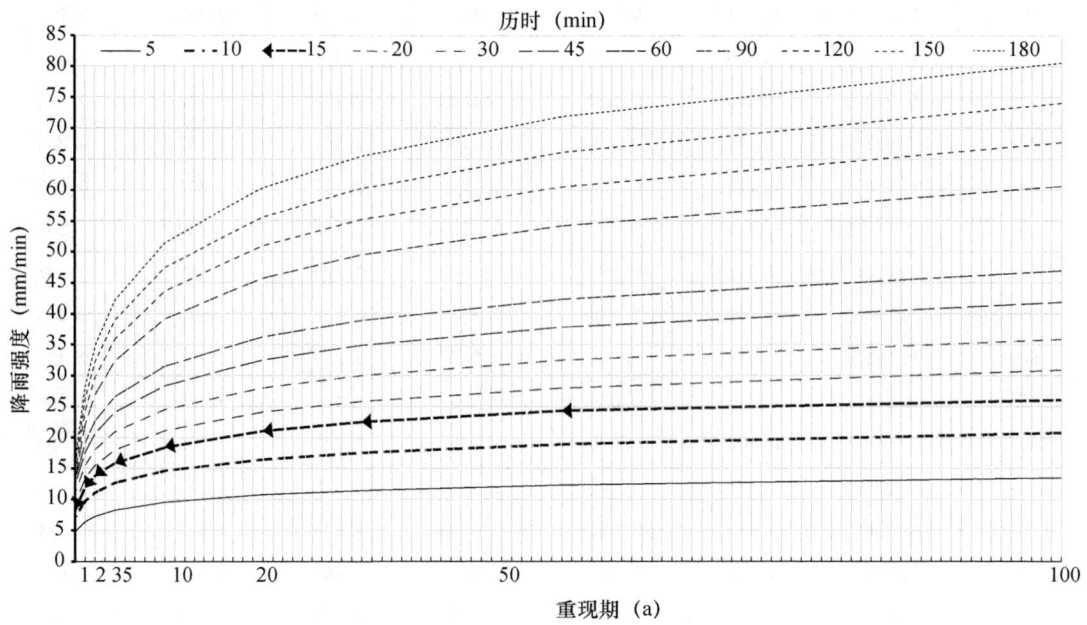

图 4-2-1　呼和浩特市区各历时降雨强度曲线图

4.3 呼和浩特市区所有单一重现期暴雨强度曲线图(图 4-3-1)

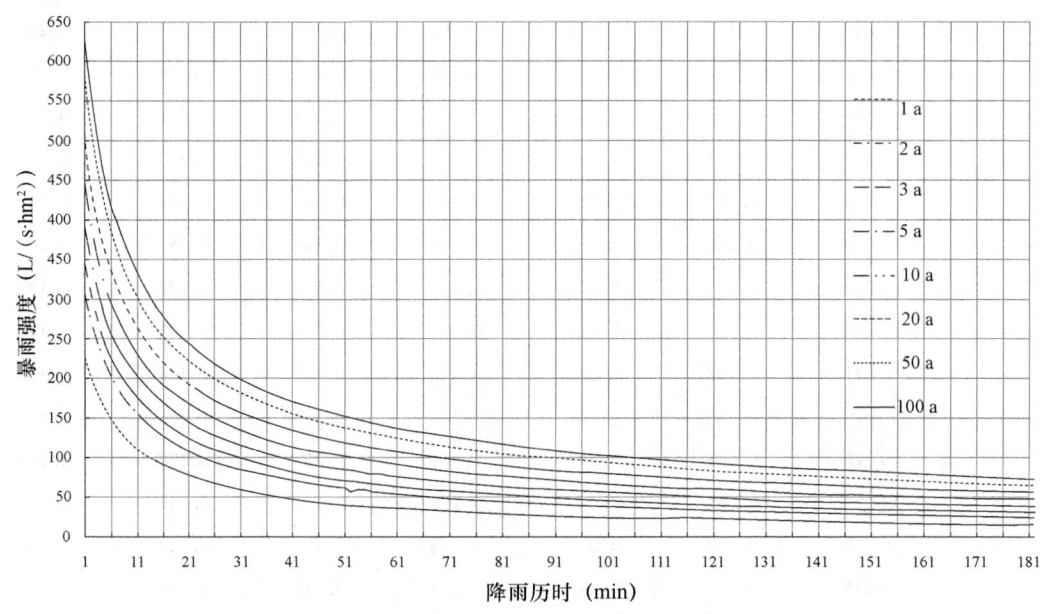

图 4-3-1　呼和浩特市区所有单一重现期暴雨强度曲线图

4.4 呼和浩特市区暴雨强度常用数据表

不同重现期(1 a、2 a、3 a、5 a、10 a、20 a、50 a、100 a)时的暴雨强度常用数据见表 4-4-1～表 4-4-8。

表 4-4-1 呼和浩特市区暴雨强度常用数据表($P=1$ a,t:min;q:L/(s·hm²))

t	q	t	q	t	q	t	q	t	q	t	q	t	q
1	225.53	27	65.20	53	40.05	79	29.41	105	23.45	131	19.60	157	16.90
2	203.87	28	63.60	54	39.49	80	29.12	106	23.27	132	19.48	158	16.82
3	186.26	29	62.08	55	38.94	81	28.83	107	23.09	133	19.36	159	16.73
4	171.64	30	60.64	56	38.41	82	28.56	108	22.92	134	19.24	160	16.64
5	159.30	31	59.26	57	37.89	83	28.28	109	22.75	135	19.13	161	16.56
6	148.73	32	57.96	58	37.39	84	28.02	110	22.58	136	19.01	162	16.47
7	139.57	33	56.71	59	36.91	85	27.76	111	22.42	137	18.90	163	16.39
8	131.55	34	55.52	60	36.43	86	27.50	112	22.26	138	18.79	164	16.31
9	124.46	35	54.39	61	35.97	87	27.25	113	22.10	139	18.68	165	16.23
10	118.16	36	53.30	62	35.53	88	27.00	114	21.94	140	18.57	166	16.15
11	112.50	37	52.26	63	35.09	89	26.76	115	21.79	141	18.46	167	16.07
12	107.41	38	51.26	64	34.67	90	26.52	116	21.63	142	18.35	168	15.99
13	102.78	39	50.31	65	34.25	91	26.29	117	21.49	143	18.25	169	15.91
14	98.57	40	49.39	66	33.85	92	26.06	118	21.34	144	18.14	170	15.83
15	94.71	41	48.50	67	33.46	93	25.84	119	21.19	145	18.04	171	15.76
16	91.17	42	47.65	68	33.07	94	25.62	120	21.05	146	17.94	172	15.68
17	87.90	43	46.83	69	32.70	95	25.40	121	20.91	147	17.84	173	15.61
18	84.88	44	46.04	70	32.33	96	25.19	122	20.77	148	17.74	174	15.53
19	82.07	45	45.28	71	31.98	97	24.98	123	20.63	149	17.64	175	15.46
20	79.45	46	44.55	72	31.63	98	24.78	124	20.50	150	17.55	176	15.39
21	77.01	47	43.84	73	31.29	99	24.58	125	20.36	151	17.45	177	15.31
22	74.73	48	43.16	74	30.96	100	24.38	126	20.23	152	17.36	178	15.24
23	72.59	49	42.49	75	30.64	101	24.19	127	20.10	153	17.26	179	15.17
24	70.58	50	41.85	76	30.32	102	24.00	128	19.97	154	17.17	180	15.10
25	68.68	51	41.23	77	30.01	103	23.81	129	19.85	155	17.08	181	15.03
26	66.89	52	40.63	78	29.71	104	23.63	130	19.72	156	16.99	182	14.97

表 4-4-2 呼和浩特市区暴雨强度常用数据表（$P=2$ a；t:min；q:L/(s·hm²)）

t	q	t	q	t	q	t	q	t	q	t	q	t	q
1	307.398	27	92.773	53	59.423	79	44.931	105	36.631	131	31.185	157	27.304
2	276.994	28	90.671	54	58.663	80	44.530	106	36.381	132	31.012	158	27.176
3	252.738	29	88.677	55	57.925	81	44.138	107	36.134	133	30.841	159	27.050
4	232.884	30	86.780	56	57.208	82	43.754	108	35.892	134	30.672	160	26.926
5	216.295	31	84.975	57	56.511	83	43.377	109	35.653	135	30.506	161	26.802
6	202.203	32	83.254	58	55.834	84	43.008	110	35.417	136	30.341	162	26.680
7	190.064	33	81.612	59	55.175	85	42.646	111	35.186	137	30.179	163	26.559
8	179.485	34	80.043	60	54.533	86	42.290	112	34.957	138	30.018	164	26.440
9	170.173	35	78.541	61	53.909	87	41.942	113	34.732	139	29.860	165	26.322
10	161.906	36	77.103	62	53.301	88	41.600	114	34.511	140	29.703	166	26.204
11	154.511	37	75.724	63	52.708	89	41.265	115	34.292	141	29.549	167	26.089
12	147.852	38	74.401	64	52.131	90	40.935	116	34.077	142	29.396	168	25.974
13	141.820	39	73.131	65	51.568	91	40.612	117	33.865	143	29.245	169	25.860
14	136.328	40	71.909	66	51.018	92	40.294	118	33.656	144	29.096	170	25.748
15	131.303	41	70.733	67	50.483	93	39.983	119	33.450	145	28.948	171	25.637
16	126.686	42	69.601	68	49.959	94	39.676	120	33.246	146	28.802	172	25.526
17	122.427	43	68.510	69	49.449	95	39.375	121	33.046	147	28.658	173	25.417
18	118.485	44	67.457	70	48.950	96	39.080	122	32.848	148	28.516	174	25.309
19	114.824	45	66.441	71	48.462	97	38.789	123	32.653	149	28.375	175	25.202
20	111.415	46	65.460	72	47.986	98	38.503	124	32.461	150	28.236	176	25.096
21	108.230	47	64.511	73	47.520	99	38.222	125	32.271	151	28.098	177	24.991
22	105.248	48	63.594	74	47.065	100	37.946	126	32.084	152	27.962	178	24.887
23	102.449	49	62.706	75	46.620	101	37.675	127	31.899	153	27.828	179	24.784
24	99.816	50	61.847	76	46.184	102	37.407	128	31.717	154	27.694	180	24.682
25	97.334	51	61.014	77	45.757	103	37.145	129	31.537	155	27.563	181	24.581
26	94.990	52	60.206	78	45.340	104	36.886	130	31.360	156	27.433	182	24.481

表4-4-3　呼和浩特市区暴雨强度常用数据表（$P=3$ a；t:min；q:L/(s·hm²)）

t	q	t	q	t	q	t	q	t	q	t	q	t	q
1	344.924	27	106.614	53	69.536	79	53.231	105	43.805	131	37.572	157	33.103
2	310.594	28	104.289	54	68.685	80	52.778	106	43.520	132	37.374	158	32.956
3	283.410	29	102.082	55	67.858	81	52.334	107	43.238	133	37.177	159	32.810
4	261.276	30	99.982	56	67.055	82	51.899	108	42.961	134	36.984	160	32.666
5	242.852	31	97.982	57	66.273	83	51.472	109	42.688	135	36.792	161	32.524
6	227.245	32	96.075	58	65.513	84	51.054	110	42.420	136	36.603	162	32.383
7	213.828	33	94.254	59	64.773	85	50.643	111	42.155	137	36.416	163	32.243
8	202.153	34	92.513	60	64.053	86	50.240	112	41.894	138	36.232	164	32.105
9	191.888	35	90.846	61	63.352	87	49.845	113	41.637	139	36.050	165	31.968
10	182.781	36	89.249	62	62.668	88	49.457	114	41.383	140	35.870	166	31.832
11	174.639	37	87.717	63	62.002	89	49.077	115	41.134	141	35.692	167	31.698
12	167.309	38	86.247	64	61.353	90	48.703	116	40.887	142	35.516	168	31.565
13	160.671	39	84.833	65	60.719	91	48.336	117	40.645	143	35.342	169	31.434
14	154.626	40	83.474	66	60.101	92	47.975	118	40.405	144	35.170	170	31.304
15	149.096	41	82.165	67	59.497	93	47.621	119	40.169	145	35.000	171	31.175
16	144.013	42	80.903	68	58.908	94	47.272	120	39.937	146	34.832	172	31.047
17	139.325	43	79.687	69	58.332	95	46.930	121	39.707	147	34.666	173	30.921
18	134.983	44	78.514	70	57.770	96	46.594	122	39.481	148	34.502	174	30.796
19	130.950	45	77.381	71	57.220	97	46.263	123	39.257	149	34.340	175	30.672
20	127.192	46	76.286	72	56.683	98	45.938	124	39.037	150	34.179	176	30.549
21	123.681	47	75.227	73	56.157	99	45.618	125	38.819	151	34.020	177	30.427
22	120.391	48	74.202	74	55.643	100	45.304	126	38.605	152	33.863	178	30.307
23	117.303	49	73.21	75	55.140	101	44.994	127	38.393	153	33.708	179	30.187
24	114.396	50	72.249	76	54.648	102	44.690	128	38.184	154	33.554	180	30.069
25	111.655	51	71.317	77	54.166	103	44.390	129	37.977	155	33.402	181	29.952
26	109.065	52	70.413	78	53.694	104	44.096	130	37.773	156	33.252	182	29.836

表 4-4-4 呼和浩特市区暴雨强度常用数据表($P=5$ a;t:min;q:L/(s·hm^2))

t	q	t	q	t	q	t	q	t	q	t	q	t	q
1	391.004	27	124.578	53	82.988	79	64.439	105	53.599	131	46.368	157	41.145
2	351.902	28	121.986	54	82.025	80	63.920	106	53.268	132	46.136	158	40.973
3	321.208	29	119.524	55	81.088	81	63.411	107	52.943	133	45.908	159	40.802
4	296.366	30	117.180	56	80.178	82	62.912	108	52.623	134	45.682	160	40.633
5	275.778	31	114.947	57	79.292	83	62.423	109	52.307	135	45.459	161	40.466
6	258.390	32	112.816	58	78.431	84	61.943	110	51.996	136	45.238	162	40.300
7	243.475	33	110.779	59	77.591	85	61.472	111	51.689	137	45.020	163	40.136
8	230.517	34	108.831	60	76.774	86	61.010	112	51.387	138	44.805	164	39.974
9	219.135	35	106.965	61	75.978	87	60.556	113	51.089	139	44.592	165	39.813
10	209.045	36	105.176	62	75.201	88	60.111	114	50.795	140	44.382	166	39.654
11	200.028	37	103.459	63	74.444	89	59.673	115	50.506	141	44.174	167	39.496
12	191.912	38	101.809	64	73.705	90	59.244	116	50.221	142	43.969	168	39.340
13	184.562	39	100.223	65	72.984	91	58.821	117	49.939	143	43.766	169	39.185
14	177.869	40	98.696	66	72.281	92	58.407	118	49.661	144	43.565	170	39.032
15	171.744	41	97.225	67	71.594	93	57.999	119	49.387	145	43.366	171	38.881
16	166.114	42	95.808	68	70.922	94	57.598	120	49.117	146	43.170	172	38.731
17	160.918	43	94.440	69	70.266	95	57.204	121	48.851	147	42.976	173	38.582
18	156.105	44	93.119	70	69.625	96	56.816	122	48.588	148	42.784	174	38.434
19	151.631	45	91.843	71	68.998	97	56.435	123	48.328	149	42.594	175	38.289
20	147.461	46	90.609	72	68.384	98	56.061	124	48.072	150	42.406	176	38.144
21	143.563	47	89.415	73	67.784	99	55.692	125	47.819	151	42.220	177	38.001
22	139.909	48	88.259	74	67.197	100	55.329	126	47.569	152	42.036	178	37.859
23	136.476	49	87.139	75	66.622	101	54.972	127	47.323	153	41.854	179	37.718
24	133.243	50	86.054	76	66.059	102	54.621	128	47.079	154	41.674	180	37.579
25	130.193	51	85.001	77	65.508	103	54.275	129	46.839	155	41.496	181	37.441
26	127.309	52	83.980	78	64.968	104	53.934	130	46.602	156	41.320	182	37.304

表 4-4-5 呼和浩特市区暴雨强度常用数据表（$P=10$ a；t:min；q:L/(s·hm²)）

t	q	t	q	t	q	t	q	t	q	t	q	t	q
1	446.806	27	145.896	53	98.682	79	77.405	105	64.873	131	56.461	157	50.355
2	402.137	28	142.968	54	97.581	80	76.807	106	64.490	132	56.191	158	50.152
3	367.277	29	140.184	55	96.511	81	76.220	107	64.112	133	55.924	159	49.952
4	339.173	30	137.534	56	95.470	82	75.645	108	63.740	134	55.661	160	49.754
5	315.943	31	135.007	57	94.457	83	75.081	109	63.373	135	55.400	161	49.558
6	296.360	32	132.594	58	93.471	84	74.527	110	63.012	136	55.143	162	49.363
7	279.583	33	130.287	59	92.510	85	73.984	111	62.656	137	54.888	163	49.171
8	265.019	34	128.080	60	91.574	86	73.450	112	62.305	138	54.637	164	48.980
9	252.234	35	125.964	61	90.662	87	72.926	113	61.959	139	54.388	165	48.792
10	240.903	36	123.935	62	89.772	88	72.412	114	61.617	140	54.143	166	48.605
11	230.778	37	121.987	63	88.904	89	71.906	115	61.281	141	53.900	167	48.420
12	221.665	38	120.114	64	88.057	90	71.409	116	60.949	142	53.660	168	48.237
13	213.411	39	118.313	65	87.230	91	70.921	117	60.621	143	53.422	169	48.055
14	205.893	40	116.578	66	86.423	92	70.442	118	60.298	144	53.187	170	47.875
15	199.011	41	114.907	67	85.634	93	69.970	119	59.980	145	52.955	171	47.697
16	192.683	42	113.294	68	84.863	94	69.506	120	59.665	146	52.725	172	47.521
17	186.841	43	111.738	69	84.109	95	69.050	121	59.355	147	52.498	173	47.346
18	181.428	44	110.235	70	83.373	96	68.602	122	59.048	148	52.273	174	47.173
19	176.394	45	108.782	71	82.652	97	68.161	123	58.746	149	52.051	175	47.001
20	171.700	46	107.376	72	81.947	98	67.727	124	58.448	150	51.831	176	46.831
21	167.310	47	106.016	73	81.257	99	67.300	125	58.153	151	51.613	177	46.663
22	163.193	48	104.698	74	80.581	100	66.879	126	57.862	152	51.398	178	46.496
23	159.323	49	103.421	75	79.919	101	66.465	127	57.575	153	51.185	179	46.331
24	155.677	50	102.183	76	79.271	102	66.058	128	57.291	154	50.974	180	46.167
25	152.236	51	100.981	77	78.637	103	65.657	129	57.011	155	50.766	181	46.004
26	148.981	52	99.815	78	78.014	104	65.262	130	56.734	156	50.559	182	45.843

表 4-4-6　呼和浩特市区暴雨强度常用数据表（$P=20$ a；t:min；q:L/(s·hm²)）

t	q	t	q	t	q	t	q	t	q	t	q	t	q
1	509.116	27	169.635	53	116.012	79	91.658	105	77.232	131	67.506	157	60.420
2	458.443	28	166.322	54	114.756	80	90.971	106	76.790	132	67.193	158	60.184
3	419.028	29	163.171	55	113.534	81	90.298	107	76.354	133	66.884	159	59.952
4	387.319	30	160.169	56	112.345	82	89.637	108	75.925	134	66.579	160	59.721
5	361.145	31	157.306	57	111.188	83	88.988	109	75.501	135	66.277	161	59.493
6	339.099	32	154.572	58	110.061	84	88.352	110	75.084	136	65.978	162	59.267
7	320.223	33	151.956	59	108.963	85	87.727	111	74.673	137	65.683	163	59.043
8	303.841	34	149.453	60	107.893	86	87.113	112	74.267	138	65.392	164	58.821
9	289.461	35	147.053	61	106.850	87	86.511	113	73.867	139	65.103	165	58.602
10	276.717	36	144.750	62	105.832	88	85.919	114	73.473	140	64.818	166	58.384
11	265.327	37	142.538	63	104.839	89	85.337	115	73.084	141	64.537	167	58.169
12	255.074	38	140.411	64	103.870	90	84.766	116	72.700	142	64.258	168	57.956
13	245.785	39	138.364	65	102.923	91	84.204	117	72.321	143	63.982	169	57.744
14	237.323	40	136.393	66	101.999	92	83.651	118	71.948	144	63.710	170	57.535
15	229.574	41	134.492	67	101.095	93	83.108	119	71.579	145	63.440	171	57.328
16	222.446	42	132.659	68	100.212	94	82.574	120	71.216	146	63.173	172	57.122
17	215.863	43	130.888	69	99.349	95	82.049	121	70.856	147	62.910	173	56.919
18	209.760	44	129.178	70	98.505	96	81.532	122	70.502	148	62.649	174	56.717
19	204.084	45	127.524	71	97.679	97	81.024	123	70.152	149	62.391	175	56.517
20	198.788	46	125.923	72	96.870	98	80.524	124	69.807	150	62.135	176	56.319
21	193.834	47	124.374	73	96.079	99	80.031	125	69.466	151	61.882	177	56.123
22	189.186	48	122.872	74	95.304	100	79.547	126	69.129	152	61.632	178	55.928
23	184.815	49	121.417	75	94.545	101	79.070	127	68.796	153	61.385	179	55.736
24	180.696	50	120.005	76	93.801	102	78.600	128	68.468	154	61.140	180	55.545
25	176.806	51	118.635	77	93.072	103	78.137	129	68.143	155	60.897	181	55.355
26	173.125	52	117.305	78	92.358	104	77.681	130	67.823	156	60.657	182	55.168

表 4-4-7　呼和浩特市区暴雨强度常用数据表（$P=50$ a；t:min；q:L/(s·hm²)）

t	q	t	q	t	q	t	q	t	q	t	q	t	q
1	577.566	27	195.282	53	134.615	79	106.908	105	90.429	131	79.284	157	71.141
2	520.262	28	191.543	54	133.188	80	106.125	106	89.923	132	78.925	158	70.871
3	475.802	29	187.986	55	131.801	81	105.356	107	89.424	133	78.570	159	70.603
4	440.093	30	184.597	56	130.450	82	104.602	108	88.933	134	78.219	160	70.338
5	410.647	31	181.364	57	129.136	83	103.863	109	88.448	135	77.872	161	70.075
6	385.861	32	178.275	58	127.855	84	103.136	110	87.970	136	77.530	162	69.815
7	364.647	33	175.320	59	126.608	85	102.423	111	87.499	137	77.191	163	69.557
8	346.241	34	172.490	60	125.392	86	101.723	112	87.035	138	76.856	164	69.302
9	330.085	35	169.777	61	124.205	87	101.035	113	86.577	139	76.525	165	69.049
10	315.767	36	167.173	62	123.048	88	100.359	114	86.125	140	76.198	166	68.799
11	302.970	37	164.671	63	121.919	89	99.695	115	85.679	141	75.874	167	68.551
12	291.448	38	162.265	64	120.816	90	99.042	116	85.240	142	75.554	168	68.306
13	281.008	39	159.949	65	119.740	91	98.400	117	84.806	143	75.237	169	68.062
14	271.494	40	157.717	66	118.688	92	97.769	118	84.378	144	74.924	170	67.821
15	262.781	41	155.566	67	117.659	93	97.149	119	83.955	145	74.614	171	67.583
16	254.764	42	153.489	68	116.654	94	96.538	120	83.538	146	74.308	172	67.346
17	247.358	43	151.484	69	115.671	95	95.938	121	83.127	147	74.005	173	67.111
18	240.491	44	149.546	70	114.710	96	95.348	122	82.720	148	73.705	174	66.879
19	234.103	45	147.672	71	113.769	97	94.766	123	82.319	149	73.408	175	66.649
20	228.140	46	145.858	72	112.848	98	94.194	124	81.923	150	73.114	176	66.421
21	222.560	47	144.101	73	111.947	99	93.631	125	81.532	151	72.824	177	66.195
22	217.324	48	142.398	74	111.064	100	93.077	126	81.145	152	72.536	178	65.970
23	212.399	49	140.748	75	110.199	101	92.531	127	80.764	153	72.251	179	65.748
24	207.756	50	139.146	76	109.351	102	91.994	128	80.387	154	71.970	180	65.528
25	203.370	51	137.592	77	108.521	103	91.465	129	80.015	155	71.691	181	65.310
26	199.218	52	136.082	78	107.706	104	90.943	130	79.647	156	71.415	182	65.093

表 4-4-8　呼和浩特市区暴雨强度常用数据表（$P=100$ a；t：min；q：L/(s·hm²)）

t	q	t	q	t	q	t	q	t	q	t	q	t	q
1	627.911	27	214.119	53	148.301	79	118.144	105	100.164	131	87.980	157	79.065
2	565.693	28	210.069	54	146.751	80	117.290	106	99.611	132	87.587	158	78.768
3	517.503	29	206.216	55	145.242	81	116.452	107	99.066	133	87.199	159	78.475
4	478.841	30	202.543	56	143.774	82	115.630	108	98.529	134	86.815	160	78.184
5	446.985	31	199.039	57	142.344	83	114.824	109	98.000	135	86.436	161	77.896
6	420.183	32	195.691	58	140.952	84	114.032	110	97.478	136	86.061	162	77.611
7	397.250	33	192.488	59	139.594	85	113.254	111	96.963	137	85.690	163	77.329
8	377.356	34	189.420	60	138.271	86	112.490	112	96.455	138	85.323	164	77.049
9	359.897	35	186.477	61	136.981	87	111.740	113	95.955	139	84.961	165	76.772
10	344.423	36	183.653	62	135.722	88	111.002	114	95.461	140	84.603	166	76.498
11	330.593	37	180.939	63	134.493	89	110.278	115	94.974	141	84.248	167	76.226
12	318.140	38	178.329	64	133.293	90	109.566	116	94.493	142	83.898	168	75.957
13	306.856	39	175.816	65	132.121	91	108.866	117	94.019	143	83.551	169	75.690
14	296.573	40	173.394	66	130.975	92	108.177	118	93.551	144	83.208	170	75.426
15	287.153	41	171.059	67	129.856	93	107.500	119	93.089	145	82.869	171	75.164
16	278.485	42	168.805	68	128.762	94	106.834	120	92.633	146	82.533	172	74.905
17	270.477	43	166.628	69	127.691	95	106.179	121	92.183	147	82.201	173	74.648
18	263.050	44	164.524	70	126.644	96	105.534	122	91.739	148	81.873	174	74.393
19	256.139	45	162.488	71	125.620	97	104.900	123	91.300	149	81.548	175	74.140
20	249.689	46	160.518	72	124.617	98	104.275	124	90.867	150	81.226	176	73.890
21	243.651	47	158.610	73	123.634	99	103.661	125	90.439	151	80.908	177	73.642
22	237.984	48	156.760	74	122.672	100	103.056	126	90.017	152	80.593	178	73.396
23	232.653	49	154.967	75	121.730	101	102.460	127	89.599	153	80.281	179	73.153
24	227.627	50	153.227	76	120.807	102	101.873	128	89.187	154	79.972	180	72.911
25	222.878	51	151.537	77	119.901	103	101.295	129	88.780	155	79.667	181	72.672
26	218.383	52	149.896	78	119.014	104	100.725	130	88.377	156	79.364	182	72.434

第5章 周边城镇暴雨强度公式与计算

5.1 武川县暴雨强度公式

本节选择1965—2018年武川县降雨资料统计样本,采用暴雨强度公式计算系统,运用皮尔逊Ⅲ型分布曲线进行样本序列拟合、最小二乘法推算出武川县短历时暴雨强度公式。

5.1.1 武川县降雨强度、重现期和历时的关系

通过皮尔逊Ⅲ型分布曲线对1965—2018年降雨资料的统计样本进行频率调整,得出武川县暴雨强度、重现期与降雨历时(i-P-t)的关系,见表5-1-1。

表5-1-1 武川县 i-P-t 关系表 　　　　　　单位:mm/min

P(a)	t(min)										
	5	10	15	20	30	45	60	90	120	150	180
100	11.891	16.82	20.869	24.465	29.239	31.793	34.856	38.093	41.935	44.683	46.869
50	11.270	15.984	19.733	22.927	27.420	30.013	32.733	35.749	39.188	41.766	45.71
30	10.757	15.292	18.803	21.721	25.995	28.557	31.081	35.912	37.127	39.579	41.304
20	10.329	14.716	19.080	20.862	24.766	27.425	29.724	32.328	35.410	37.756	39.349
10	9.515	15.621	16.634	18.811	22.554	25.160	27.188	29.478	32.182	34.329	35.665
5	8.552	12.324	14.947	16.691	20.047	22.518	24.239	26.247	28.542	30.465	31.604
3	7.545	10.970	15.225	14.571	17.540	19.821	21.231	25.016	24.902	26.061	27.544
2	6.710	9.846	11.951	12.992	15.672	17.826	18.989	20.609	22.361	25.903	24.761
1	4.527	6.906	8.577	9.084	11.051	12.541	15.327	14.654	16.042	17.195	18.069

5.1.2 武川县单一重现期暴雨强度公式

采用皮尔逊Ⅲ型分布曲线对选定的武川县1965—2018年统计样本进行拟合,使用最小二乘法逐个推算出的武川县单一重现期的暴雨强度公式,见表5-1-2。

表 5-1-2   武川县单一重现期暴雨强度公式

重现期(a)	公式
1	1122.741/(t+6.802)^0.810
2	1480.789/(t+5.826)^0.795
3	1607.709/(t+5.518)^0.790
5	1744.148/(t+5.192)^0.783
10	1915.824/(t+5.086)^0.777
20	2058.776/(t+5.131)^0.771
30	2131.755/(t+5.147)^0.769
40	2181.187/(t+5.156)^0.768
50	2218.595/(t+5.163)^0.767
60	2248.655/(t+5.169)^0.766
70	2275.872/(t+5.173)^0.765
80	2295.415/(t+5.177)^0.765
90	2314.453/(t+5.181)^0.764
100	2331.320/(t+5.184)^0.764

注:"^"符号表示指数运算

5.1.3   武川县区间暴雨强度公式

采用皮尔逊Ⅲ型分布曲线对选定的武川县1965—2018年统计样本进行拟合,使用最小二乘法推算出重现期2～10 a和10～100 a武川县的区间暴雨强度公式(表5-1-3)。

表 5-1-3   武川县区间暴雨强度公式

重现期(a)	区间	参数	公式
2～10	Ⅱ	n	$0.798-0.010\ln(t-0.706)$
		b	$5.902-0.498\ln(t-0.836)$
		A	$8.604+1.276\ln(t-0.771)$
10～100	Ⅲ	n	$0.782-0.004\ln(t-6.185)$
		b	$5.066+0.026\ln(t-7.842)$
		A	$9.728+0.926\ln(t-5.422)$

5.1.4   武川县暴雨强度总公式

运用暴雨强度计算系统,采用皮尔逊Ⅲ型分布曲线对选定的武川县1965—2018年统计样本进行拟合,使用最小二乘法推算暴雨强度公式的各系数,得出武川县暴雨强度总公式(公式5-1-1)。

$$q=\frac{1372.929\times(1+0.503\lg P)}{(t+5.818)^{0.791}} \quad (5\text{-}1\text{-}1)$$

5.1.5 武川县暴雨强度公式的精度

单一重现期暴雨强度公式(2~20 a)平均绝对方差(X_m)为 0.012 mm/min,平均相对方差(U_m)为 1.63%;

暴雨强度总公式(2~20 a)平均绝对方差(X_m)为 0.022 mm/min,平均相对方差(U_m)为 2.9%。

武川县单一重现期暴雨强度公式与暴雨强度总公式均符合《室外排水设计规范》(GB 50014—2006,2016 版)的精度要求($X_m \leqslant 0.05$ mm/min,$U_m \leqslant 5\%$)。

5.1.6 武川县雨峰位置系数

按照《室外排水设计规范》(GB 50014—2006,2016 版)和《城市暴雨强度公式编制和设计暴雨雨型确定技术导则》的要求,运用暴雨雨型分析系统,计算出武川县短历时雨峰位置系数,见表 5-1-4。

表 5-1-4　武川县综合雨峰位置系数

历时(min)	30	60	90	120	150	180	综合系数
降雨场次(次)	83	89	97	99	94	93	555
雨峰位置系数	0.463	0.397	0.340	0.313	0.33	0.343	0.361
雨峰时间位置(min)	18.9	25.8	30.6	37.6	49.5	61.7	

表 5-1-4 中,武川县各历时的雨峰位置系数为 0.313~0.463,综合雨峰系数为 0.361,雨峰时间位置出现在降雨过程中部偏前,且历时越长,雨峰时间位置越相对靠前。

5.1.7 武川县暴雨强度与重现期关系表(表 5-1-5～表 5-1-10)

表 5-1-5　武川县 30 min 历时暴雨强度与重现期 P 关系　　　单位:mm/min

历时(min)	$P=2$ a	$P=3$ a	$P=5$ a	$P=10$ a	$P=20$ a	$P=50$ a	$P=100$ a
5	0.291	0.314	0.342	0.38	0.419	0.469	0.508
10	0.618	0.665	0.725	0.806	0.887	0.995	1.076
15	1.465	1.578	1.720	1.912	2.105	2.360	2.553
20	0.475	0.512	0.558	0.621	0.683	0.766	0.828
25	0.271	0.292	0.318	0.354	0.389	0.437	0.472
30	0.188	0.203	0.221	0.246	0.271	0.303	0.328

表 5-1-6　武川县 60 min 历时暴雨强度与重现期 P 关系　　　单位:mm/min

历时(min)	$P=2$ a	$P=3$ a	$P=5$ a	$P=10$ a	$P=20$ a	$P=50$ a	$P=100$ a
5	0.121	0.130	0.142	0.157	0.173	0.194	0.210
10	0.163	0.175	0.191	0.213	0.234	0.262	0.284

续表

历时(min)	P=2 a	P=3 a	P=5 a	P=10 a	P=20 a	P=50 a	P=100 a
15	0.253	0.272	0.297	0.330	0.363	0.407	0.441
20	0.551	0.593	0.647	0.719	0.791	0.887	0.960
25	1.497	1.612	1.757	1.954	2.151	2.411	2.608
30	0.522	0.562	0.612	0.681	0.749	0.840	0.909
35	0.301	0.325	0.354	0.393	0.433	0.485	0.525
40	0.210	0.226	0.247	0.274	0.302	0.339	0.366
45	0.161	0.174	0.189	0.211	0.232	0.260	0.281
50	0.131	0.141	0.154	0.171	0.189	0.211	0.229
55	0.111	0.119	0.130	0.145	0.159	0.179	0.193
60	0.096	0.104	0.113	0.126	0.138	0.155	0.168

表 5-1-7 武川县 90 min 历时暴雨强度与重现期 P 关系　　　　单位:mm/min

历时(min)	P=2 a	P=3 a	P=5 a	P=10 a	P=20 a	P=50 a	P=100 a
5	0.074	0.080	0.087	0.097	0.107	0.119	0.129
10	0.085	0.092	0.100	0.111	0.122	0.137	0.148
15	0.100	0.108	0.117	0.131	0.144	0.161	0.174
20	0.122	0.131	0.143	0.159	0.175	0.197	0.213
25	0.158	0.170	0.185	0.206	0.226	0.254	0.275
30	0.224	0.241	0.262	0.292	0.321	0.360	0.389
35	0.383	0.413	0.450	0.500	0.550	0.617	0.667
40	1.119	1.205	1.314	1.461	1.608	1.803	1.950
45	0.784	0.844	0.920	1.023	1.126	1.263	1.366
50	0.357	0.385	0.419	0.466	0.513	0.576	0.623
55	0.227	0.244	0.266	0.296	0.326	0.365	0.395
60	0.166	0.179	0.195	0.217	0.239	0.267	0.289
65	0.131	0.141	0.154	0.171	0.189	0.211	0.229
70	0.109	0.117	0.128	0.142	0.156	0.175	0.190
75	0.093	0.100	0.109	0.122	0.134	0.150	0.162
80	0.082	0.088	0.096	0.107	0.117	0.132	0.142
85	0.073	0.078	0.086	0.095	0.105	0.117	0.127
90	0.066	0.071	0.077	0.086	0.095	0.106	0.115

表 5-1-8　武川县 120 min 历时暴雨强度与重现期 P 关系　　　　单位：mm/min

历时(min)	P＝2 a	P＝3 a	P＝5 a	P＝10 a	P＝20 a	P＝50 a	P＝100 a
5	0.058	0.062	0.068	0.075	0.083	0.093	0.101
10	0.067	0.072	0.079	0.088	0.097	0.108	0.117
15	0.081	0.087	0.095	0.106	0.116	0.130	0.141
20	0.103	0.110	0.120	0.134	0.147	0.165	0.179
25	0.142	0.153	0.166	0.185	0.204	0.228	0.247
30	0.233	0.251	0.274	0.304	0.335	0.375	0.406
35	0.631	0.680	0.741	0.824	0.907	1.017	1.100
40	1.129	1.216	1.325	1.474	1.622	1.819	1.967
45	0.497	0.535	0.583	0.649	0.714	0.800	0.866
50	0.308	0.332	0.362	0.402	0.443	0.497	0.537
55	0.222	0.239	0.261	0.290	0.319	0.358	0.387
60	0.173	0.187	0.203	0.226	0.249	0.279	0.302
65	0.142	0.153	0.167	0.186	0.205	0.229	0.248
70	0.121	0.130	0.142	0.158	0.174	0.195	0.211
75	0.105	0.114	0.124	0.138	0.152	0.170	0.184
80	0.094	0.101	0.110	0.122	0.135	0.151	0.163
85	0.084	0.091	0.099	0.110	0.121	0.136	0.147
90	0.077	0.083	0.090	0.100	0.110	0.124	0.134
95	0.071	0.076	0.083	0.092	0.101	0.114	0.123
100	0.065	0.070	0.077	0.085	0.094	0.105	0.114
105	0.061	0.066	0.071	0.079	0.087	0.098	0.106
110	0.057	0.061	0.067	0.074	0.082	0.092	0.099
115	0.054	0.058	0.063	0.070	0.077	0.086	0.094
120	0.051	0.055	0.060	0.066	0.073	0.082	0.088

表 5-1-9　武川县 150 min 历时暴雨强度与重现期 P 关系　　　　单位：mm/min

历时(min)	P＝2 a	P＝3 a	P＝5 a	P＝10 a	P＝20 a	P＝50 a	P＝100 a
5	0.080	0.090	0.103	0.121	0.138	0.161	0.179
10	0.086	0.097	0.111	0.130	0.149	0.173	0.192
15	0.093	0.105	0.120	0.141	0.161	0.188	0.208

续表

历时(min)	P=2 a	P=3 a	P=5 a	P=10 a	P=20 a	P=50 a	P=100 a
20	0.102	0.115	0.132	0.154	0.176	0.206	0.228
25	0.113	0.128	0.146	0.171	0.196	0.229	0.254
30	0.129	0.145	0.166	0.194	0.222	0.260	0.288
35	0.150	0.169	0.193	0.226	0.259	0.303	0.336
40	0.183	0.206	0.236	0.276	0.316	0.369	0.409
45	0.241	0.272	0.311	0.364	0.417	0.486	0.539
50	0.377	0.425	0.486	0.569	0.651	0.761	0.843
55	1.100	1.240	1.418	1.659	1.900	2.218	2.459
60	0.735	0.829	0.948	1.108	1.269	1.482	1.643
65	0.417	0.471	0.538	0.629	0.721	0.842	0.933
70	0.300	0.338	0.386	0.452	0.518	0.604	0.670
75	0.238	0.269	0.307	0.359	0.411	0.480	0.532
80	0.200	0.225	0.258	0.302	0.345	0.403	0.447
85	0.174	0.196	0.224	0.262	0.300	0.350	0.389
90	0.155	0.174	0.199	0.233	0.267	0.312	0.346
95	0.140	0.158	0.180	0.211	0.242	0.282	0.313
100	0.128	0.145	0.165	0.193	0.221	0.259	0.287
105	0.119	0.134	0.153	0.179	0.205	0.239	0.265
110	0.111	0.125	0.143	0.167	0.191	0.223	0.248
115	0.104	0.117	0.134	0.157	0.180	0.210	0.233
120	0.098	0.111	0.127	0.148	0.170	0.198	0.220
125	0.093	0.105	0.120	0.140	0.161	0.188	0.208
130	0.089	0.100	0.114	0.134	0.153	0.179	0.198
135	0.085	0.096	0.109	0.128	0.146	0.171	0.189
140	0.081	0.092	0.105	0.122	0.140	0.164	0.181
145	0.078	0.088	0.100	0.118	0.135	0.157	0.174
150	0.075	0.085	0.097	0.113	0.130	0.151	0.168

表 5-1-10 武川县 180 min 历时暴雨强度与重现期 P 关系表　　单位：mm/min

历时(min)	P=2 a	P=3 a	P=5 a	P=10 a	P=20 a	P=50 a	P=100 a
5	0.038	0.041	0.045	0.050	0.055	0.062	0.067
10	0.041	0.045	0.049	0.054	0.060	0.067	0.072
15	0.045	0.049	0.053	0.059	0.065	0.073	0.079
20	0.050	0.054	0.059	0.065	0.072	0.081	0.087
25	0.056	0.061	0.066	0.073	0.081	0.091	0.098

续表

历时(min)	$P=2$ a	$P=3$ a	$P=5$ a	$P=10$ a	$P=20$ a	$P=50$ a	$P=100$ a
30	0.064	0.069	0.075	0.084	0.092	0.103	0.112
35	0.075	0.081	0.088	0.098	0.108	0.121	0.131
40	0.091	0.098	0.107	0.119	0.131	0.147	0.159
45	0.117	0.126	0.138	0.153	0.168	0.189	0.204
50	0.166	0.178	0.194	0.216	0.238	0.267	0.288
55	0.285	0.307	0.334	0.372	0.409	0.459	0.496
60	0.904	0.974	1.061	1.180	1.299	1.456	1.575
65	0.918	0.988	1.077	1.198	1.319	1.478	1.599
70	0.434	0.468	0.510	0.567	0.624	0.700	0.757
75	0.278	0.299	0.326	0.362	0.399	0.447	0.484
80	0.203	0.219	0.238	0.265	0.292	0.327	0.354
85	0.160	0.173	0.188	0.209	0.230	0.258	0.279
90	0.132	0.143	0.156	0.173	0.190	0.213	0.231
95	0.113	0.122	0.133	0.148	0.163	0.182	0.197
100	0.099	0.107	0.116	0.129	0.142	0.159	0.172
105	0.088	0.095	0.103	0.115	0.127	0.142	0.154
110	0.080	0.086	0.093	0.104	0.114	0.128	0.139
115	0.073	0.078	0.085	0.095	0.104	0.117	0.126
120	0.067	0.072	0.078	0.087	0.096	0.108	0.116
125	0.062	0.067	0.073	0.081	0.089	0.100	0.108
130	0.058	0.062	0.068	0.075	0.083	0.093	0.101
135	0.054	0.058	0.064	0.071	0.078	0.087	0.094
140	0.051	0.055	0.060	0.067	0.073	0.082	0.089
145	0.048	0.052	0.057	0.063	0.069	0.078	0.084
150	0.046	0.049	0.054	0.060	0.066	0.074	0.080
155	0.044	0.047	0.051	0.057	0.063	0.070	0.076
160	0.042	0.045	0.049	0.054	0.060	0.067	0.073
165	0.040	0.043	0.047	0.052	0.057	0.064	0.070
170	0.038	0.041	0.045	0.050	0.055	0.062	0.067
175	0.037	0.040	0.043	0.048	0.053	0.059	0.064
180	0.035	0.038	0.042	0.046	0.051	0.057	0.062

5.1.8 武川县暴雨强度常用数据表(表 5-1-11～表 5-1-18)

表 5-1-11 武川县暴雨强度常用数据表($P=1$ a;t:min;q:L/(s·hm²))

t	q	t	q	t	q	t	q	t	q	t	q	t	q
1	212.614	27	64.839	53	40.845	79	30.489	105	24.606	131	20.772	157	18.058
2	192.827	28	65.326	54	40.300	80	30.204	106	24.429	132	20.651	158	17.970
3	176.732	29	61.889	55	39.771	81	29.925	107	24.255	133	20.531	159	17.882
4	165.358	30	60.523	56	39.257	82	29.652	108	24.084	134	20.413	160	17.795
5	152.053	31	59.223	57	38.758	83	29.384	109	25.915	135	20.296	161	17.709
6	142.359	32	57.984	58	38.273	84	29.122	110	25.749	136	20.181	162	17.624
7	135.945	33	56.801	59	37.801	85	28.865	111	25.586	137	20.067	163	17.540
8	126.567	34	55.671	60	37.342	86	28.613	112	25.425	138	19.955	164	17.457
9	120.039	35	54.590	61	36.895	87	28.365	113	25.266	139	19.844	165	17.374
10	114.219	36	55.554	62	36.461	88	28.123	114	25.110	140	19.735	166	17.293
11	108.993	37	52.562	63	36.037	89	27.885	115	22.956	141	19.626	167	17.212
12	104.274	38	51.609	64	35.624	90	27.651	116	22.805	142	19.519	168	17.132
13	99.987	39	50.695	65	35.222	91	27.422	117	22.655	143	19.414	169	17.053
14	96.076	40	49.816	66	34.829	92	27.197	118	22.508	144	19.309	170	16.975
15	92.491	41	48.970	67	34.446	93	26.976	119	22.363	145	19.206	171	16.898
16	89.191	42	48.155	68	34.073	94	26.759	120	22.220	146	19.104	172	16.821
17	86.144	43	47.371	69	35.708	95	26.546	121	22.079	147	19.004	173	16.745
18	85.319	44	46.614	70	35.352	96	26.337	122	21.940	148	18.904	174	16.670
19	80.694	45	45.884	71	35.005	97	26.131	123	21.803	149	18.806	175	16.596
20	78.246	46	45.179	72	32.665	98	25.929	124	21.668	150	18.709	176	16.522
21	75.959	47	44.497	73	32.333	99	25.730	125	21.535	151	18.613	177	16.450
22	75.815	48	45.838	74	32.009	100	25.535	126	21.403	152	18.518	178	16.377
23	71.803	49	45.201	75	31.691	101	25.343	127	21.274	153	18.424	179	16.306
24	69.909	50	42.584	76	31.381	102	25.154	128	21.146	154	18.331	180	16.235
25	68.123	51	41.986	77	31.077	103	24.968	129	21.020	155	18.239	181	16.165
26	66.436	52	41.407	78	30.78	104	24.785	130	20.895	156	18.148	182	16.096

表 5-1-12　武川县暴雨强度常用数据表（$P=2$ a；t：min；q：L/(s·hm²)）

t	q	t	q	t	q	t	q	t	q	t	q	t	q
1	321.611	27	92.278	53	58.034	79	45.382	105	35.075	131	29.665	157	25.833
2	288.489	28	90.103	54	57.262	80	42.980	106	34.826	132	29.493	158	25.707
3	262.187	29	88.040	55	56.512	81	42.586	107	34.580	133	29.324	159	25.583
4	240.743	30	86.081	56	55.784	82	42.200	108	34.338	134	29.158	160	25.461
5	222.890	31	84.217	57	55.077	83	41.822	109	34.101	135	28.993	161	25.339
6	207.772	32	82.442	58	54.390	84	41.451	110	35.866	136	28.830	162	25.219
7	194.787	33	80.750	59	55.722	85	41.088	111	35.636	137	28.670	163	25.100
8	185.501	34	79.134	60	55.072	86	40.732	112	35.408	138	28.511	164	24.983
9	175.592	35	77.589	61	52.440	87	40.383	113	35.185	139	28.354	165	24.866
10	164.814	36	76.110	62	51.824	88	40.040	114	32.964	140	28.200	166	24.751
11	156.978	37	74.694	63	51.225	89	39.704	115	32.747	141	28.047	167	24.637
12	149.936	38	75.336	64	50.641	90	39.374	116	32.533	142	27.896	168	24.525
13	145.569	39	72.032	65	50.071	91	39.051	117	32.323	143	27.747	169	24.413
14	137.782	40	70.780	66	49.516	92	38.733	118	32.115	144	27.600	170	24.303
15	132.496	41	69.575	67	48.975	93	38.421	119	31.910	145	27.454	171	24.193
16	127.646	42	68.416	68	48.447	94	38.115	120	31.709	146	27.310	172	24.085
17	125.180	43	67.300	69	47.932	95	37.814	121	31.510	147	27.168	173	25.978
18	119.052	44	66.224	70	47.428	96	37.519	122	31.313	148	27.027	174	25.872
19	115.224	45	65.186	71	46.937	97	37.228	123	31.120	149	26.889	175	25.767
20	111.663	46	64.184	72	46.457	98	36.943	124	30.929	150	26.751	176	25.663
21	108.341	47	65.216	73	45.988	99	36.662	125	30.741	151	26.616	177	25.560
22	105.234	48	62.281	74	45.529	100	36.387	126	30.556	152	26.481	178	25.458
23	102.321	49	61.376	75	45.081	101	36.116	127	30.373	153	26.349	179	25.357
24	99.584	50	60.500	76	44.642	102	35.849	128	30.192	154	26.218	180	25.257
25	97.007	51	59.652	77	44.213	103	35.587	129	30.014	155	26.088	181	25.158
26	94.576	52	58.831	78	45.793	104	35.329	130	29.838	156	25.960	182	25.060

表 5-1-13　武川县暴雨强度常用数据表（$P=3$ a；t:min；q:L/(s·hm²)）

t	q	t	q	t	q	t	q	t	q	t	q	t	q
1	365.643	27	102.714	53	64.573	79	48.297	105	39.075	131	35.068	157	28.813
2	326.653	28	100.285	54	65.714	80	47.850	106	38.798	132	32.878	158	28.674
3	295.965	29	97.983	55	62.881	81	47.413	107	38.525	133	32.690	159	28.536
4	271.117	30	95.797	56	62.072	82	46.984	108	38.257	134	32.505	160	28.400
5	250.542	31	95.719	57	61.286	83	46.564	109	37.992	135	32.322	161	28.265
6	235.195	32	91.740	58	60.523	84	46.153	110	37.732	136	32.142	162	28.132
7	218.351	33	89.853	59	59.780	85	45.750	111	37.476	137	31.963	163	28.000
8	205.488	34	88.052	60	59.059	86	45.354	112	37.224	138	31.787	164	27.869
9	194.223	35	86.331	61	58.356	87	44.966	113	36.976	139	31.613	165	27.740
10	184.267	36	84.684	62	57.672	88	44.586	114	36.731	140	31.441	166	27.612
11	175.397	37	85.106	63	57.006	89	44.213	115	36.490	141	31.272	167	27.486
12	167.438	38	81.594	64	56.357	90	45.847	116	36.253	142	31.104	168	27.361
13	160.254	39	80.143	65	55.725	91	45.488	117	36.019	143	30.939	169	27.237
14	155.732	40	78.749	66	55.109	92	45.135	118	35.788	144	30.775	170	27.114
15	147.782	41	77.408	67	54.507	93	42.789	119	35.561	145	30.613	171	26.993
16	142.329	42	76.118	68	55.921	94	42.449	120	35.337	146	30.454	172	26.872
17	137.312	43	74.876	69	55.348	95	42.115	121	35.116	147	30.296	173	26.753
18	132.679	44	75.679	70	52.790	96	41.787	122	34.898	148	30.140	174	26.636
19	128.385	45	72.525	71	52.244	97	41.464	123	34.684	149	29.986	175	26.519
20	124.394	46	71.410	72	51.711	98	41.148	124	34.472	150	29.833	176	26.403
21	120.673	47	70.334	73	51.190	99	40.836	125	34.263	151	29.683	177	26.289
22	117.195	48	69.294	74	50.680	100	40.530	126	34.057	152	29.534	178	26.176
23	115.937	49	68.287	75	50.182	101	40.229	127	35.854	153	29.386	179	26.064
24	110.876	50	67.314	76	49.696	102	39.933	128	35.654	154	29.241	180	25.953
25	107.996	51	66.371	77	49.219	103	39.643	129	35.456	155	29.097	181	25.843
26	105.280	52	65.458	78	48.753	104	39.356	130	35.261	156	28.954	182	25.734

表 5-1-14　武川县暴雨强度常用数据表（$P=5$ a；t:min；q:L/(s·hm²)）

t	q	t	q	t	q	t	q	t	q	t	q	t	q
1	418.388	27	115.084	53	72.393	79	54.212	105	45.912	131	37.200	157	32.444
2	372.109	28	112.361	54	71.433	80	55.713	106	45.602	132	36.987	158	32.288
3	336.046	29	109.779	55	70.502	81	55.225	107	45.298	133	36.778	159	32.134
4	307.067	30	107.329	56	69.599	82	52.746	108	42.998	134	36.571	160	31.981
5	285.215	31	105.000	57	68.721	83	52.277	109	42.703	135	36.366	161	31.831
6	265.202	32	102.783	58	67.868	84	51.818	110	42.412	136	36.164	162	31.681
7	246.143	33	100.670	59	67.039	85	51.367	111	42.126	137	35.965	163	31.534
8	231.409	34	98.653	60	66.232	86	50.926	112	41.844	138	35.768	164	31.388
9	218.541	35	96.726	61	65.447	87	50.493	113	41.567	139	35.574	165	31.243
10	207.195	36	94.882	62	64.684	88	50.068	114	41.294	140	35.382	166	31.100
11	197.107	37	95.117	63	65.940	89	49.651	115	41.024	141	35.192	167	30.959
12	188.071	38	91.424	64	65.215	90	49.242	116	40.759	142	35.005	168	30.819
13	179.927	39	89.801	65	62.509	91	48.841	117	40.498	143	34.820	169	30.680
14	172.544	40	88.241	66	61.820	92	48.447	118	40.240	144	34.637	170	30.543
15	165.817	41	86.742	67	61.149	93	48.060	119	39.986	145	34.456	171	30.407
16	159.658	42	85.299	68	60.493	94	47.681	120	39.736	146	34.278	172	30.273
17	155.997	43	85.910	69	59.854	95	47.308	121	39.489	147	34.101	173	30.140
18	148.773	44	82.571	70	59.230	96	46.941	122	39.246	148	35.927	174	30.008
19	145.936	45	81.281	71	58.620	97	46.581	123	39.006	149	35.754	175	29.877
20	139.442	46	80.035	72	58.025	98	46.227	124	38.769	150	35.584	176	29.748
21	135.256	47	78.831	73	57.443	99	45.880	125	38.536	151	35.416	177	29.620
22	131.346	48	77.669	74	56.874	100	45.538	126	38.306	152	35.249	178	29.494
23	127.683	49	76.544	75	56.318	101	45.202	127	38.078	153	35.084	179	29.368
24	124.246	50	75.456	76	55.774	102	44.871	128	37.854	154	32.921	180	29.244
25	121.012	51	74.403	77	55.242	103	44.546	129	37.633	155	32.760	181	29.121
26	117.963	52	75.382	78	54.722	104	44.226	130	37.415	156	32.601	182	28.999

表 5-1-15　武川县暴雨强度常用数据表（$P=10$ a; t:min; q:L/(s·hm²)）

t	q	t	q	t	q	t	q	t	q	t	q	t	q
1	470.901	27	129.404	53	81.597	79	61.213	105	49.651	131	42.110	157	36.761
2	418.402	28	126.355	54	80.522	80	60.653	106	49.304	132	41.871	158	36.585
3	377.613	29	125.465	55	79.478	81	60.105	107	48.961	133	41.635	159	36.412
4	344.905	30	120.722	56	78.466	82	59.568	108	48.625	134	41.402	160	36.241
5	318.028	31	118.115	57	77.482	83	59.042	109	48.293	135	41.172	161	36.071
6	295.505	32	115.632	58	76.526	84	58.527	110	47.967	136	40.946	162	35.903
7	276.326	33	115.266	59	75.596	85	58.021	111	47.645	137	40.721	163	35.737
8	259.775	34	111.008	60	74.692	86	57.526	112	47.329	138	40.500	164	35.573
9	245.328	35	108.850	61	75.813	87	57.040	113	47.017	139	40.282	165	35.410
10	232.597	36	106.786	62	72.956	88	56.563	114	46.710	140	40.066	166	35.249
11	221.282	37	104.810	63	72.122	89	56.095	115	46.408	141	39.852	167	35.090
12	211.151	38	102.914	64	71.310	90	55.636	116	46.110	142	39.642	168	34.932
13	202.023	39	101.096	65	70.518	91	55.186	117	45.816	143	39.434	169	34.776
14	195.749	40	99.349	66	69.746	92	54.744	118	45.526	144	39.228	170	34.622
15	186.212	41	97.670	67	68.993	93	54.310	119	45.241	145	39.025	171	34.469
16	179.313	42	96.055	68	68.258	94	55.883	120	44.960	146	38.824	172	34.318
17	172.972	43	94.499	69	67.541	95	55.465	121	44.682	147	38.625	173	34.168
18	167.122	44	93.000	70	66.842	96	55.053	122	44.409	148	38.429	174	34.019
19	161.705	45	91.554	71	66.158	97	52.649	123	44.139	149	38.235	175	35.873
20	156.674	46	90.158	72	65.490	98	52.252	124	45.874	150	38.044	176	35.727
21	151.987	47	88.810	73	64.837	99	51.861	125	45.611	151	37.854	177	35.583
22	147.609	48	87.508	74	64.200	100	51.477	126	45.353	152	37.667	178	35.440
23	145.509	49	86.248	75	65.576	101	51.100	127	45.097	153	37.481	179	35.299
24	139.660	50	85.029	76	62.966	102	50.729	128	42.845	154	37.298	180	35.159
25	136.040	51	85.849	77	62.369	103	50.364	129	42.597	155	37.117	181	35.021
26	132.627	52	82.705	78	61.785	104	50.004	130	42.352	156	36.938	182	32.884

表 5-1-16　武川县暴雨强度常用数据表（$P=20$ a；t:min；q:L/(s·hm²)）

t	q	t	q	t	q	t	q	t	q	t	q	t	q
1	508.654	27	141.831	53	89.795	79	67.526	105	54.865	131	46.594	157	40.719
2	452.720	28	138.519	54	88.622	80	66.913	106	54.484	132	46.332	158	40.527
3	409.155	29	135.379	55	87.483	81	66.313	107	54.109	133	46.073	159	40.336
4	374.153	30	132.398	56	86.378	82	65.726	108	55.740	134	45.817	160	40.148
5	345.343	31	129.564	57	85.304	83	65.150	109	55.377	135	45.565	161	39.961
6	321.167	32	126.865	58	84.260	84	64.586	110	55.019	136	45.316	162	39.777
7	300.556	33	124.292	59	85.245	85	64.033	111	52.666	137	45.070	163	39.594
8	282.749	34	121.836	60	82.258	86	65.490	112	52.319	138	44.827	164	39.414
9	267.193	35	119.488	61	81.297	87	62.958	113	51.978	139	44.587	165	39.235
10	255.473	36	117.242	62	80.362	88	62.436	114	51.641	140	44.350	166	39.058
11	241.269	37	115.091	63	79.451	89	61.924	115	51.309	141	44.116	167	38.883
12	230.336	38	115.028	64	78.564	90	61.422	116	50.982	142	45.884	168	38.710
13	220.478	39	111.048	65	77.698	91	60.929	117	50.660	143	45.656	169	38.538
14	211.538	40	109.146	66	76.855	92	60.444	118	50.343	144	45.430	170	38.369
15	205.39	41	107.318	67	76.032	93	59.969	119	50.030	145	45.207	171	38.201
16	195.928	42	105.558	68	75.229	94	59.502	120	49.721	146	42.986	172	38.034
17	189.066	43	105.863	69	74.446	95	59.043	121	49.417	147	42.768	173	37.869
18	182.732	44	102.229	70	75.680	96	58.593	122	49.117	148	42.553	174	37.706
19	176.866	45	100.653	71	72.933	97	58.150	123	48.821	149	42.340	175	37.545
20	171.414	46	99.132	72	72.203	98	57.715	124	48.529	150	42.129	176	37.385
21	166.334	47	97.663	73	71.490	99	57.287	125	48.242	151	41.921	177	37.227
22	161.587	48	96.242	74	70.792	100	56.866	126	47.958	152	41.715	178	37.070
23	157.140	49	94.869	75	70.110	101	56.453	127	47.678	153	41.511	179	36.914
24	152.965	50	95.539	76	69.443	102	56.046	128	47.401	154	41.310	180	36.761
25	149.035	51	92.252	77	68.790	103	55.646	129	47.129	155	41.111	181	36.608
26	145.331	52	91.004	78	68.151	104	55.252	130	46.859	156	40.914	182	36.457

表 5-1-17 武川县暴雨强度常用数据表($P=50$ a;t:min;q:L/(s·hm²))

t	q	t	q	t	q	t	q	t	q	t	q	t	q
1	549.93	27	154.859	53	98.309	79	74.047	105	60.233	131	51.198	157	44.776
2	490.027	28	151.264	54	97.032	80	75.380	106	59.817	132	50.912	158	44.565
3	445.291	29	147.857	55	95.793	81	72.726	107	59.408	133	50.629	159	44.357
4	405.691	30	144.621	56	94.589	82	72.085	108	59.005	134	50.350	160	44.151
5	374.707	31	141.543	57	95.420	83	71.457	109	58.608	135	50.074	161	45.947
6	348.682	32	138.613	58	92.283	84	70.841	110	58.217	136	49.801	162	45.745
7	326.476	33	135.818	59	91.178	85	70.238	111	57.832	137	49.533	163	45.545
8	307.279	34	135.150	60	90.103	86	69.646	112	57.453	138	49.267	164	45.348
9	290.497	35	130.600	61	89.057	87	69.066	113	57.080	139	49.005	165	45.152
10	275.687	36	128.160	62	88.038	88	68.496	114	56.712	140	48.745	166	42.959
11	262.507	37	125.822	63	87.045	89	67.938	115	56.350	141	48.490	167	42.767
12	250.695	38	125.580	64	86.079	90	67.390	116	55.993	142	48.237	168	42.578
13	240.039	39	121.428	65	85.136	91	66.851	117	55.641	143	47.987	169	42.390
14	230.371	40	119.360	66	84.217	92	66.323	118	55.294	144	47.740	170	42.204
15	221.556	41	117.372	67	85.320	93	65.804	119	54.952	145	47.496	171	42.021
16	215.482	42	115.458	68	82.445	94	65.295	120	54.615	146	47.255	172	41.838
17	206.054	43	115.615	69	81.591	95	64.794	121	54.283	147	47.016	173	41.658
18	199.196	44	111.839	70	80.758	96	64.302	122	55.955	148	46.781	174	41.480
19	192.842	45	110.124	71	79.943	97	65.819	123	55.632	149	46.548	175	41.303
20	186.936	46	108.470	72	79.147	98	65.344	124	55.313	150	46.317	176	41.128
21	181.431	47	106.871	73	78.369	99	62.877	125	52.999	151	46.090	177	40.955
22	176.286	48	105.326	74	77.609	100	62.418	126	52.689	152	45.865	178	40.783
23	171.465	49	105.831	75	76.865	101	61.966	127	52.383	153	45.642	179	40.613
24	166.937	50	102.384	76	76.138	102	61.522	128	52.081	154	45.422	180	40.445
25	162.675	51	100.983	77	75.426	103	61.086	129	51.783	155	45.204	181	40.278
26	158.656	52	99.626	78	74.729	104	60.656	130	51.488	156	44.989	182	40.113

表 5-1-18　武川县暴雨强度常用数据表（$P=100$ a；t：min；q：L/(s·hm²)）

t	q	t	q	t	q	t	q	t	q	t	q	t	q
1	579.525	27	164.348	53	104.542	79	78.836	105	64.183	131	54.592	157	47.770
2	516.818	28	160.551	54	105.190	80	78.128	106	65.742	132	54.288	158	47.546
3	467.839	29	156.950	55	101.878	81	77.435	107	65.307	133	55.987	159	47.325
4	428.396	30	155.530	56	100.603	82	76.755	108	62.880	134	55.691	160	47.106
5	395.870	31	150.278	57	99.365	83	76.089	109	62.458	135	55.398	161	46.889
6	368.531	32	147.180	58	98.161	84	75.437	110	62.044	136	55.109	162	46.675
7	345.190	33	144.226	59	96.990	85	74.797	111	61.635	137	52.823	163	46.462
8	325.002	34	141.406	60	95.851	86	74.169	112	61.233	138	52.541	164	46.253
9	307.346	35	138.709	61	94.743	87	75.554	113	60.837	139	52.262	165	46.045
10	291.758	36	136.129	62	95.664	88	72.950	114	60.447	140	51.987	166	45.839
11	277.882	37	135.656	63	92.612	89	72.357	115	60.062	141	51.715	167	45.636
12	265.440	38	131.285	64	91.588	90	71.776	116	59.683	142	51.447	168	45.434
13	254.214	39	129.009	65	90.589	91	71.205	117	59.309	143	51.181	169	45.235
14	244.026	40	126.822	66	89.615	92	70.645	118	58.941	144	50.919	170	45.037
15	234.734	41	124.718	67	88.665	93	70.094	119	58.578	145	50.660	171	44.842
16	226.220	42	122.694	68	87.738	94	69.554	120	58.220	146	50.403	172	44.648
17	218.387	43	120.744	69	86.833	95	69.023	121	57.867	147	50.150	173	44.457
18	211.153	44	118.863	70	85.949	96	68.501	122	57.520	148	49.900	174	44.267
19	204.450	45	117.050	71	85.086	97	67.988	123	57.176	149	49.652	175	44.079
20	198.218	46	115.298	72	84.242	98	67.484	124	56.838	150	49.408	176	45.893
21	192.408	47	115.607	73	85.418	99	66.989	125	56.504	151	49.166	177	45.709
22	186.976	48	111.971	74	82.612	100	66.502	126	56.175	152	48.927	178	45.527
23	181.886	49	110.389	75	81.824	101	66.023	127	55.850	153	48.690	179	45.346
24	177.105	50	108.857	76	81.053	102	65.551	128	55.529	154	48.456	180	45.167
25	172.605	51	107.374	77	80.298	103	65.088	129	55.213	155	48.225	181	42.990
26	168.360	52	105.936	78	79.559	104	64.632	130	54.900	156	47.996	182	42.814

5.2 土默特左旗暴雨强度公式

本节选择1959—2018年土默特左旗降雨资料统计样本，采用暴雨强度公式计算系统，运用耿贝尔分布曲线进行样本序列拟合、最小二乘法推算出土默特左旗短历时暴雨强度公式。

5.2.1 土默特左旗降雨强度、重现期和历时的关系

通过耿贝尔分布曲线对1959—2018年降雨资料的统计样本进行频率调整,得出土默特左旗暴雨强度、重现期与历时(i-P-t)的关系,见表5-2-1。

表5-2-1 土默特左旗(i-P-t)关系表　　　　　单位:mm/min

$P(a)$	t(min)										
	5	10	15	20	30	45	60	90	120	150	180
100	14.134	22.088	28.542	35.136	37.304	41.846	44.160	56.527	62.502	68.665	74.150
50	12.894	20.179	25.986	30.083	35.887	37.998	40.216	51.078	56.472	61.953	66.850
30	11.975	18.764	24.091	27.820	31.354	35.146	37.293	47.038	52.002	56.977	61.420
20	11.239	17.632	22.575	26.010	29.328	32.864	34.954	45.806	48.426	52.996	57.100
10	9.961	15.664	19.939	22.863	25.805	28.898	30.888	38.188	42.210	46.076	49.570
5	8.628	15.612	17.192	19.582	22.133	24.762	26.649	32.331	35.729	38.862	41.730
3	7.568	11.979	15.005	16.971	19.211	21.471	25.276	27.670	30.572	35.120	35.420
2	6.873	10.618	12.865	14.370	16.231	17.928	19.518	22.289	24.590	26.826	28.608
1	5.075	7.982	9.690	10.588	11.675	12.503	12.678	15.727	14.898	16.538	17.745

5.2.2 土默特左旗单一重现期暴雨强度公式

采用耿贝尔分布曲线对土默特左旗的1959—2018年统计样本进行拟合,使用最小二乘法逐个推算出土默特左旗单一重现期暴雨强度公式(表5-2-2)。

表5-2-2 土默特左旗单一重现期暴雨强度公式

重现期(a)	公式
1	$1435.198/(t+8.324)^{0.840}$
2	$1700.227/(t+7.791)^{0.791}$
3	$1816.960/(t+7.622)^{0.776}$
5	$1948.890/(t+7.444)^{0.759}$
10	$2141.274/(t+7.300)^{0.744}$
20	$2364.052/(t+7.195)^{0.733}$
30	$2485.791/(t+7.158)^{0.729}$
40	$2566.289/(t+7.135)^{0.727}$
50	$2629.081/(t+7.119)^{0.725}$
60	$2680.016/(t+7.106)^{0.723}$
70	$2722.768/(t+7.095)^{0.722}$
80	$2759.508/(t+7.086)^{0.721}$
90	$2791.906/(t+7.078)^{0.720}$
100	$2820.797/(t+7.071)^{0.719}$

注:"^"符号表示指数运算

5.2.3 土默特左旗区间暴雨强度公式

采用耿贝尔分布曲线对土默特左旗的1959—2018年统计样本进行拟合,使用最小二乘法推算出重现期2～10 a和10～100 a土默特左旗的区间暴雨强度公式(表5-2-3)。

表 5-2-3 土默特左旗区间暴雨强度公式

重现期(a)	区间	参数	公式
2～10	Ⅱ	n	$0.795-0.025\ln(t-0.836)$
		b	$7.832-0.272\ln(t-0.836)$
		A	$9.715+1.314\ln(t-0.574)$
10～100	Ⅲ	n	$0.751-0.007\ln(t-7.290)$
		b	$7.347-0.061\ln(t-7.842)$
		A	$9.560+1.600\ln(t-2.317)$

5.2.4 土默特左旗暴雨强度总公式

运用暴雨强度计算系统,采用耿贝尔分布曲线对选定的土默特左旗1959—2018年统计样本进行拟合,使用误差最小的最小二乘法推算暴雨强度公式的各系数,得出土默特左旗暴雨强度总公式,见公式5-2-1。

$$q=\frac{801.139\times(1+0.815\lg P)}{(t+5.640)^{0.662}} \tag{5-2-1}$$

5.2.5 土默特左旗暴雨强度公式的精度

单一重现期暴雨强度公式(2～20 a)平均绝对方差(X_m)为0.015 mm/min,平均相对方差(U_m)为2.67%;

暴雨强度总公式(2～20 a)平均绝对方差(X_m)为0.020 mm/min,平均相对方差(U_m)为4.1%。

土默特左旗单一重现期暴雨强度公式与暴雨强度总公式均符合《室外排水设计规范》(GB 50014—2006,2016版)的精度要求($X_m\leqslant 0.05$ mm/min,$U_m\leqslant 5\%$)。

5.2.6 土默特左旗雨峰位置系数

按照《室外排水设计规范》(GB 50014—2006,2016版)和《城市暴雨强度公式编制和设计暴雨雨型确定技术导则》的要求,运用暴雨雨型分析系统,计算出土默特左旗短历时雨峰位置系数,见表5-2-4。

表5-2-4中,土默特左旗各历时的雨峰位置系数为0.389～0.484,综合雨峰系数为0.414,雨峰时间位置出现在降雨过程中部偏前,且历时越长,雨峰时间位置越相对靠前。

表 5-2-4　土默特左旗综合雨峰位置系数

历时(min)	30	60	90	120	150	180	综合系数
降雨场次(次)	128	165	184	186	171	165	999
雨峰位置系数	0.484	0.425	0.411	0.396	0.402	0.389	0.414
雨峰时间位置(min)	14.4	25.5	34.6	37.0	60.3	70.0	

5.2.7　土默特左旗暴雨强度与重现期关系表(表 5-2-5～表 5-2-10)

表 5-2-5　土默特左旗 30 min 历时暴雨强度与重现期 P 关系　　单位:mm/min

历时(min)	$P=2$ a	$P=3$ a	$P=5$ a	$P=10$ a	$P=20$ a	$P=50$ a	$P=100$ a
5	0.328	0.366	0.413	0.478	0.540	0.625	0.689
10	0.573	0.639	0.723	0.836	0.945	1.094	1.206
15	1.890	2.108	2.383	2.755	5.191	5.694	4.074
20	0.521	0.582	0.657	0.760	0.859	0.994	1.097
25	0.320	0.357	0.403	0.466	0.527	0.610	0.673
30	0.239	0.266	0.301	0.348	0.393	0.455	0.502

表 5-2-6　土默特左旗 60 min 历时暴雨强度与重现期 P 关系　　单位:mm/min

历时(min)	$P=2$ a	$P=3$ a	$P=5$ a	$P=10$ a	$P=20$ a	$P=50$ a	$P=100$ a
5	0.168	0.187	0.211	0.244	0.277	0.321	0.354
10	0.206	0.229	0.259	0.300	0.340	0.394	0.434
15	0.275	0.307	0.346	0.401	0.455	0.526	0.580
20	0.448	0.499	0.565	0.653	0.741	0.858	0.946
25	1.801	2.008	2.269	2.624	2.979	5.448	5.802
30	0.650	0.724	0.819	0.947	1.075	1.244	1.372
35	0.372	0.415	0.469	0.543	0.616	0.713	0.786
40	0.271	0.302	0.341	0.394	0.448	0.518	0.572
45	0.217	0.242	0.274	0.316	0.359	0.416	0.458
50	0.183	0.205	0.231	0.267	0.304	0.351	0.388
55	0.160	0.179	0.202	0.234	0.265	0.307	0.339
60	0.143	0.160	0.181	0.209	0.237	0.274	0.302

表 5-2-7　土默特左旗 90 min 历时暴雨强度与重现期 P 关系　　单位:mm/min

历时(min)	$P=2$ a	$P=3$ a	$P=5$ a	$P=10$ a	$P=20$ a	$P=50$ a	$P=100$ a
5	0.119	0.133	0.150	0.173	0.197	0.228	0.251
10	0.134	0.150	0.169	0.196	0.222	0.257	0.284
15	0.156	0.173	0.196	0.227	0.257	0.298	0.328
20	0.188	0.209	0.236	0.273	0.310	0.359	0.396

续表

历时(min)	P=2 a	P=3 a	P=5 a	P=10 a	P=20 a	P=50 a	P=100 a
25	0.243	0.271	0.306	0.354	0.402	0.465	0.513
30	0.364	0.406	0.459	0.531	0.603	0.698	0.769
35	0.903	1.008	1.139	1.317	1.495	1.730	1.908
40	0.872	0.973	1.099	1.271	1.443	1.670	1.842
45	0.431	0.481	0.544	0.629	0.714	0.826	0.911
50	0.299	0.333	0.377	0.436	0.495	0.573	0.631
55	0.234	0.261	0.295	0.342	0.388	0.449	0.495
60	0.196	0.218	0.246	0.285	0.324	0.374	0.413
65	0.169	0.189	0.213	0.247	0.280	0.324	0.358
70	0.150	0.168	0.190	0.219	0.249	0.288	0.318
75	0.136	0.152	0.171	0.198	0.225	0.260	0.287
80	0.124	0.139	0.157	0.181	0.206	0.238	0.263
85	0.115	0.128	0.145	0.168	0.191	0.221	0.243
90	0.107	0.120	0.135	0.157	0.178	0.206	0.227

表 5-2-8 土默特左旗 120 min 历时暴雨强度与重现期 P 关系   单位：mm/min

历时(min)	P=2 a	P=3 a	P=5 a	P=10 a	P=20 a	P=50 a	P=100 a
5	0.095	0.106	0.120	0.138	0.157	0.182	0.200
10	0.104	0.116	0.131	0.151	0.171	0.198	0.219
15	0.115	0.128	0.144	0.167	0.190	0.219	0.242
20	0.129	0.144	0.163	0.188	0.213	0.247	0.272
25	0.149	0.166	0.188	0.217	0.246	0.285	0.314
30	0.179	0.199	0.225	0.260	0.295	0.342	0.377
35	0.229	0.255	0.288	0.333	0.378	0.438	0.483
40	0.335	0.374	0.422	0.488	0.555	0.642	0.708
45	0.752	0.839	0.948	1.096	1.244	1.440	1.588
50	1.003	1.118	1.264	1.461	1.659	1.920	2.117
55	0.463	0.516	0.584	0.675	0.766	0.886	0.978
60	0.314	0.351	0.396	0.458	0.520	0.602	0.664
65	0.244	0.272	0.308	0.356	0.404	0.468	0.516
70	0.203	0.226	0.255	0.295	0.335	0.388	0.428
75	0.175	0.195	0.220	0.255	0.289	0.335	0.369
80	0.155	0.173	0.195	0.226	0.256	0.297	0.327
85	0.140	0.156	0.176	0.204	0.231	0.268	0.295
90	0.128	0.143	0.161	0.186	0.212	0.245	0.270
95	0.118	0.132	0.149	0.172	0.195	0.226	0.250
100	0.110	0.123	0.139	0.160	0.182	0.211	0.233
105	0.103	0.115	0.130	0.151	0.171	0.198	0.218

续表

历时(min)	P=2 a	P=3 a	P=5 a	P=10 a	P=20 a	P=50 a	P=100 a
110	0.097	0.109	0.123	0.142	0.161	0.187	0.206
115	0.092	0.103	0.116	0.135	0.153	0.177	0.195
120	0.088	0.098	0.111	0.128	0.145	0.168	0.186

表 5-2-9　土默特左旗 150 min 历时暴雨强度与重现期 P 关系　　　单位:mm/min

历时(min)	P=2 a	P=3 a	P=5 a	P=10 a	P=20 a	P=50 a	P=100 a
5	0.080	0.089	0.101	0.117	0.132	0.153	0.169
10	0.085	0.095	0.108	0.124	0.141	0.163	0.180
15	0.092	0.102	0.116	0.134	0.152	0.176	0.194
20	0.100	0.111	0.126	0.145	0.165	0.191	0.210
25	0.109	0.122	0.138	0.159	0.181	0.209	0.231
30	0.122	0.136	0.153	0.177	0.201	0.233	0.257
35	0.138	0.154	0.174	0.202	0.229	0.265	0.292
40	0.162	0.181	0.204	0.236	0.268	0.311	0.342
45	0.199	0.222	0.251	0.291	0.330	0.382	0.421
50	0.267	0.298	0.337	0.390	0.442	0.512	0.565
55	0.442	0.493	0.557	0.644	0.731	0.846	0.933
60	2.037	2.272	2.568	2.969	5.370	5.901	4.302
65	0.648	0.722	0.816	0.944	1.071	1.240	1.368
70	0.378	0.421	0.476	0.550	0.625	0.723	0.797
75	0.276	0.308	0.348	0.402	0.456	0.528	0.583
80	0.222	0.247	0.280	0.323	0.367	0.425	0.468
85	0.164	0.183	0.207	0.239	0.272	0.314	0.347
90	0.147	0.164	0.185	0.214	0.243	0.281	0.310
95	0.133	0.149	0.168	0.194	0.220	0.255	0.281
100	0.122	0.137	0.154	0.178	0.203	0.234	0.259
105	0.114	0.127	0.143	0.166	0.188	0.218	0.240
110	0.106	0.118	0.134	0.155	0.176	0.203	0.224
115	0.100	0.111	0.126	0.146	0.165	0.191	0.211
120	0.094	0.105	0.119	0.138	0.156	0.181	0.199
125	0.090	0.100	0.113	0.131	0.148	0.172	0.189
130	0.085	0.095	0.108	0.125	0.141	0.164	0.180
135	0.082	0.091	0.103	0.119	0.135	0.156	0.173
140	0.078	0.087	0.099	0.114	0.130	0.150	0.165
145	0.075	0.084	0.095	0.110	0.125	0.144	0.159
150	0.080	0.089	0.101	0.117	0.132	0.153	0.169

表 5-2-10 土默特左旗 180 min 历时暴雨强度与重现期 P 关系表   单位:mm/min

历时(min)	P=2 a	P=3 a	P=5 a	P=10 a	P=20 a	P=50 a	P=100 a
5	0.070	0.078	0.088	0.102	0.116	0.134	0.148
10	0.074	0.082	0.093	0.108	0.122	0.141	0.156
15	0.078	0.087	0.099	0.114	0.130	0.150	0.166
20	0.084	0.093	0.106	0.122	0.139	0.160	0.177
25	0.090	0.100	0.114	0.131	0.149	0.173	0.190
30	0.098	0.109	0.123	0.143	0.162	0.187	0.207
35	0.107	0.120	0.135	0.157	0.178	0.206	0.227
40	0.120	0.134	0.151	0.174	0.198	0.229	0.253
45	0.136	0.152	0.172	0.199	0.225	0.261	0.288
50	0.160	0.178	0.202	0.233	0.265	0.306	0.338
55	0.197	0.220	0.249	0.287	0.326	0.378	0.417
60	0.266	0.297	0.336	0.388	0.441	0.510	0.563
65	0.449	0.501	0.566	0.654	0.743	0.859	0.948
70	2.576	2.873	5.247	5.754	4.262	4.933	5.440
75	0.631	0.704	0.795	0.919	1.044	1.208	1.332
80	0.376	0.419	0.473	0.547	0.621	0.719	0.793
85	0.276	0.308	0.348	0.403	0.457	0.529	0.584
90	0.223	0.249	0.281	0.325	0.369	0.427	0.471
95	0.189	0.211	0.238	0.276	0.313	0.362	0.399
100	0.166	0.185	0.209	0.241	0.274	0.317	0.350
105	0.148	0.165	0.187	0.216	0.245	0.284	0.313
110	0.135	0.150	0.170	0.196	0.223	0.258	0.284
115	0.124	0.138	0.156	0.180	0.205	0.237	0.261
120	0.115	0.128	0.145	0.167	0.190	0.220	0.243
125	0.107	0.120	0.135	0.157	0.178	0.206	0.227
130	0.101	0.113	0.127	0.147	0.167	0.194	0.213
135	0.096	0.107	0.120	0.139	0.158	0.183	0.202
140	0.091	0.101	0.114	0.132	0.150	0.174	0.192
145	0.087	0.096	0.109	0.126	0.143	0.166	0.183
150	0.083	0.092	0.104	0.121	0.137	0.158	0.175
155	0.079	0.088	0.100	0.116	0.131	0.152	0.168
160	0.076	0.085	0.096	0.111	0.126	0.146	0.161
165	0.073	0.082	0.093	0.107	0.122	0.141	0.155
170	0.071	0.079	0.089	0.103	0.117	0.136	0.15
175	0.069	0.077	0.086	0.100	0.113	0.131	0.145
180	0.066	0.074	0.084	0.097	0.110	0.127	0.140

5.2.8 土默特左旗暴雨强度常用数据表(表 5-2-11~表 5-2-18)

表 5-2-11　土默特左旗暴雨强度常用数据表($P=1$ a;t:min;q:L/(s·hm^2))

t	q	t	q	t	q	t	q	t	q	t	q	t	q
1	245.93	27	71.97	53	42.74	79	30.56	105	25.84	131	19.58	157	16.63
2	224.42	28	70.10	54	42.09	80	30.23	106	25.65	132	19.45	158	16.54
3	206.44	29	68.33	55	41.46	81	29.91	107	25.45	133	19.32	159	16.44
4	191.17	30	66.65	56	40.85	82	29.59	108	25.26	134	19.19	160	16.35
5	178.05	31	65.06	57	40.26	83	29.28	109	25.07	135	19.06	161	16.26
6	166.64	32	65.53	58	39.68	84	28.98	110	22.88	136	18.94	162	16.17
7	156.63	33	62.08	59	39.12	85	28.69	111	22.70	137	18.81	163	16.08
8	147.78	34	60.70	60	38.58	86	28.40	112	22.52	138	18.69	164	15.99
9	139.90	35	59.38	61	38.05	87	28.11	113	22.34	139	18.57	165	15.90
10	132.83	36	58.11	62	37.54	88	27.83	114	22.17	140	18.45	166	15.81
11	126.45	37	56.90	63	37.04	89	27.56	115	22.00	141	18.33	167	15.73
12	120.67	38	55.74	64	36.55	90	27.30	116	21.83	142	18.21	168	15.64
13	115.40	39	54.62	65	36.08	91	27.03	117	21.66	143	18.10	169	15.56
14	110.59	40	55.56	66	35.62	92	26.78	118	21.50	144	17.99	170	15.48
15	106.17	41	52.53	67	35.17	93	26.53	119	21.34	145	17.87	171	15.39
16	102.09	42	51.54	68	34.73	94	26.28	120	21.18	146	17.76	172	15.31
17	98.32	43	50.59	69	34.30	95	26.04	121	21.03	147	17.66	173	15.23
18	94.83	44	49.68	70	35.89	96	25.80	122	20.87	148	17.55	174	15.15
19	91.58	45	48.79	71	35.48	97	25.57	123	20.72	149	17.44	175	15.07
20	88.55	46	47.94	72	35.08	98	25.34	124	20.57	150	17.34	176	14.99
21	85.72	47	47.12	73	32.70	99	25.11	125	20.42	151	17.23	177	14.92
22	85.06	48	46.33	74	32.32	100	24.89	126	20.28	152	17.13	178	14.84
23	80.57	49	45.56	75	31.95	101	24.67	127	20.14	153	17.03	179	14.76
24	78.23	50	44.82	76	31.59	102	24.46	128	19.99	154	16.93	180	14.69
25	76.02	51	44.11	77	31.24	103	24.25	129	19.86	155	16.83	181	14.62
26	75.94	52	45.41	78	30.89	104	24.05	130	19.72	156	16.73	182	14.54

表 5-2-12　土默特左旗暴雨强度常用数据表（$P=2$ a；t:min；q:L/(s·hm²)）

t	q	t	q	t	q	t	q	t	q	t	q	t	q
1	338.107	27	102.183	53	65.882	79	47.433	105	38.125	131	32.080	157	27.812
2	306.727	28	99.762	54	65.015	80	46.982	106	37.846	132	31.889	158	27.673
3	281.132	29	97.465	55	62.173	81	46.540	107	37.571	133	31.700	159	27.535
4	259.824	30	95.281	56	61.356	82	46.107	108	37.300	134	31.514	160	27.398
5	241.784	31	95.203	57	60.562	83	45.683	109	37.034	135	31.331	161	27.263
6	226.297	32	91.222	58	59.790	84	45.267	110	36.772	136	31.149	162	27.130
7	212.844	33	89.332	59	59.040	85	44.860	111	36.514	137	30.970	163	26.998
8	201.040	34	87.526	60	58.310	86	44.461	112	36.260	138	30.793	164	26.867
9	190.591	35	85.799	61	57.600	87	44.069	113	36.010	139	30.619	165	26.738
10	181.271	36	84.146	62	56.909	88	45.685	114	35.764	140	30.447	166	26.610
11	172.902	37	82.561	63	56.236	89	45.308	115	35.521	141	30.276	167	26.484
12	165.341	38	81.041	64	55.580	90	42.939	116	35.282	142	30.108	168	26.358
13	158.474	39	79.581	65	54.941	91	42.576	117	35.047	143	29.942	169	26.234
14	152.207	40	78.178	66	54.318	92	42.220	118	34.815	144	29.778	170	26.112
15	146.463	41	76.829	67	55.710	93	41.871	119	34.586	145	29.616	171	25.990
16	141.176	42	75.530	68	55.117	94	41.528	120	34.361	146	29.456	172	25.870
17	136.294	43	74.278	69	52.538	95	41.191	121	34.139	147	29.297	173	25.751
18	131.769	44	75.072	70	51.974	96	40.860	122	35.920	148	29.141	174	25.634
19	127.564	45	71.908	71	51.422	97	40.534	123	35.704	149	28.987	175	25.517
20	125.644	46	70.784	72	50.883	98	40.215	124	35.491	150	28.834	176	25.402
21	119.980	47	69.698	73	50.356	99	39.901	125	35.281	151	28.683	177	25.287
22	116.549	48	68.648	74	49.842	100	39.592	126	35.074	152	28.533	178	25.174
23	115.326	49	67.633	75	49.339	101	39.289	127	32.870	153	28.386	179	25.062
24	110.295	50	66.650	76	48.846	102	38.990	128	32.668	154	28.240	180	24.952
25	107.436	51	65.698	77	48.365	103	38.697	129	32.469	155	28.096	181	24.842
26	104.737	52	64.776	78	47.894	104	38.409	130	32.273	156	27.953	182	24.733

表 5-2-13　土默特左旗暴雨强度常用数据表（$P=3$ a；t：min；q：L/(s·hm²)）

t	q	t	q	t	q	t	q	t	q	t	q	t	q
1	387.147	27	117.551	53	75.347	79	56.987	105	46.467	131	39.562	157	34.641
2	349.194	28	114.894	54	74.384	80	56.480	106	46.150	132	39.342	158	34.479
3	318.856	29	112.371	55	75.450	81	55.983	107	45.837	133	39.126	159	34.319
4	295.984	30	109.973	56	72.542	82	55.495	108	45.530	134	38.912	160	34.161
5	275.177	31	107.689	57	71.659	83	55.018	109	45.227	135	38.701	161	34.004
6	255.482	32	105.513	58	70.801	84	54.550	110	44.928	136	38.492	162	35.850
7	240.228	33	105.435	59	69.966	85	54.091	111	44.634	137	38.286	163	35.696
8	226.924	34	101.449	60	69.154	86	55.641	112	44.345	138	38.083	164	35.545
9	215.206	35	99.549	61	68.363	87	55.199	113	44.060	139	37.882	165	35.395
10	204.797	36	97.730	62	67.592	88	52.766	114	45.779	140	37.683	166	35.246
11	195.481	37	95.985	63	66.842	89	52.340	115	45.502	141	37.487	167	35.099
12	187.089	38	94.311	64	66.110	90	51.923	116	45.229	142	37.293	168	32.954
13	179.485	39	92.702	65	65.397	91	51.513	117	42.960	143	37.102	169	32.810
14	172.558	40	91.156	66	64.701	92	51.111	118	42.695	144	36.913	170	32.667
15	166.218	41	89.668	67	64.022	93	50.716	119	42.433	145	36.726	171	32.526
16	160.392	42	88.234	68	65.359	94	50.327	120	42.176	146	36.541	172	32.386
17	155.017	43	86.853	69	62.712	95	49.946	121	41.922	147	36.358	173	32.248
18	150.040	44	85.520	70	62.080	96	49.571	122	41.671	148	36.178	174	32.111
19	145.417	45	84.234	71	61.462	97	49.203	123	41.424	149	35.999	175	31.975
20	141.110	46	82.992	72	60.859	98	48.840	124	41.180	150	35.823	176	31.841
21	137.087	47	81.791	73	60.269	99	48.484	125	40.939	151	35.648	177	31.708
22	135.319	48	80.629	74	59.692	100	48.134	126	40.702	152	35.475	178	31.576
23	129.782	49	79.505	75	59.127	101	47.790	127	40.468	153	35.305	179	31.445
24	126.455	50	78.416	76	58.575	102	47.451	128	40.237	154	35.136	180	31.316
25	125.317	51	77.362	77	58.034	103	47.118	129	40.009	155	34.969	181	31.188
26	120.354	52	76.339	78	57.505	104	46.790	130	39.784	156	34.804	182	31.061

表 5-2-14　土默特左旗暴雨强度常用数据表（$P=5$ a；t：min；q：L/(s·hm²)）

t	q	t	q	t	q	t	q	t	q	t	q	t	q
1	445.263	27	134.771	53	89.052	79	68.864	105	57.127	131	49.322	157	45.699
2	397.459	28	131.904	54	88.000	80	68.302	106	56.770	132	49.073	158	45.514
3	360.537	29	129.182	55	86.979	81	67.750	107	56.418	133	48.826	159	45.330
4	331.022	30	126.593	56	85.986	82	67.209	108	56.072	134	48.583	160	45.148
5	306.799	31	124.128	57	85.020	83	66.679	109	55.731	135	48.343	161	42.968
6	286.502	32	121.777	58	84.080	84	66.158	110	55.395	136	48.105	162	42.790
7	269.207	33	119.532	59	85.166	85	65.648	111	55.064	137	47.870	163	42.614
8	254.263	34	117.386	60	82.275	86	65.147	112	54.737	138	47.639	164	42.439
9	241.201	35	115.332	61	81.407	87	64.656	113	54.416	139	47.409	165	42.266
10	229.668	36	115.364	62	80.562	88	64.173	114	54.099	140	47.183	166	42.095
11	219.398	37	111.476	63	79.738	89	65.699	115	55.786	141	46.959	167	41.926
12	210.185	38	109.664	64	78.934	90	65.234	116	55.478	142	46.738	168	41.758
13	201.865	39	107.921	65	78.149	91	62.776	117	55.174	143	46.519	169	41.592
14	194.308	40	106.245	66	77.384	92	62.327	118	52.874	144	46.303	170	41.427
15	187.408	41	104.632	67	76.636	93	61.886	119	52.579	145	46.089	171	41.264
16	181.079	42	105.077	68	75.906	94	61.452	120	52.287	146	45.878	172	41.103
17	175.250	43	101.578	69	75.193	95	61.026	121	52.000	147	45.669	173	40.943
18	169.859	44	100.131	70	74.496	96	60.606	122	51.716	148	45.462	174	40.785
19	164.857	45	98.733	71	75.814	97	60.194	123	51.436	149	45.257	175	40.628
20	160.201	46	97.382	72	75.148	98	59.789	124	51.160	150	45.055	176	40.473
21	155.855	47	96.076	73	72.496	99	59.390	125	50.887	151	44.855	177	40.319
22	151.787	48	94.811	74	71.858	100	58.997	126	50.618	152	44.657	178	40.166
23	147.969	49	95.587	75	71.234	101	58.611	127	50.352	153	44.462	179	40.015
24	144.378	50	92.401	76	70.623	102	58.231	128	50.090	154	44.268	180	39.865
25	140.993	51	91.251	77	70.025	103	57.857	129	49.831	155	44.076	181	39.717
26	137.796	52	90.135	78	69.439	104	57.489	130	49.575	156	45.887	182	39.570

表 5-2-15　土默特左旗暴雨强度常用数据表（$P=10$ a；t:min；q:L/(s·hm²)）

t	q	t	q	t	q	t	q	t	q	t	q	t	q
1	526.072	27	157.865	53	106.676	79	85.830	105	70.406	131	61.399	157	54.858
2	464.537	28	154.663	54	105.491	80	85.189	106	69.995	132	61.109	158	54.641
3	418.630	29	151.624	55	104.340	81	82.560	107	69.591	133	60.824	159	54.426
4	382.813	30	148.733	56	105.220	82	81.944	108	69.193	134	60.541	160	54.214
5	355.937	31	145.979	57	102.131	83	81.340	109	68.800	135	60.262	161	54.004
6	330.063	32	145.353	58	101.071	84	80.746	110	68.413	136	59.987	162	55.796
7	309.930	33	140.845	59	100.039	85	80.164	111	68.032	137	59.714	163	55.589
8	292.675	34	138.446	60	99.033	86	79.592	112	67.656	138	59.445	164	55.385
9	277.688	35	136.150	61	98.053	87	79.031	113	67.285	139	59.179	165	55.183
10	264.526	36	135.948	62	97.097	88	78.480	114	66.920	140	58.916	166	52.983
11	252.855	37	131.836	63	96.165	89	77.938	115	66.560	141	58.655	167	52.784
12	242.421	38	129.808	64	95.256	90	77.406	116	66.204	142	58.398	168	52.588
13	235.025	39	127.857	65	94.368	91	76.883	117	65.854	143	58.144	169	52.394
14	224.511	40	125.981	66	95.501	92	76.369	118	65.508	144	57.892	170	52.201
15	216.752	41	124.173	67	92.655	93	75.864	119	65.166	145	57.643	171	52.010
16	209.646	42	122.430	68	91.828	94	75.368	120	64.830	146	57.397	172	51.821
17	205.109	43	120.749	69	91.019	95	74.879	121	64.497	147	57.154	173	51.633
18	197.071	44	119.126	70	90.229	96	74.399	122	64.169	148	56.913	174	51.448
19	191.474	45	117.558	71	89.456	97	75.927	123	65.846	149	56.675	175	51.264
20	186.267	46	116.042	72	88.699	98	75.462	124	65.526	150	56.440	176	51.082
21	181.409	47	114.574	73	87.959	99	75.004	125	65.211	151	56.206	177	50.901
22	176.864	48	115.154	74	87.235	100	72.554	126	62.899	152	55.976	178	50.722
23	172.599	49	111.778	75	86.525	101	72.111	127	62.591	153	55.747	179	50.545
24	168.590	50	110.444	76	85.831	102	71.675	128	62.288	154	55.522	180	50.369
25	164.810	51	109.150	77	85.150	103	71.245	129	61.988	155	55.298	181	50.195
26	161.242	52	107.895	78	84.483	104	70.822	130	61.691	156	55.077	182	50.022

表 5-2-16　土默特左旗暴雨强度常用数据表($P=20$ a;t:min;q:L/(s·hm²))

t	q	t	q	t	q	t	q	t	q	t	q	t	q
1	615.147	27	180.931	53	125.540	79	97.825	105	82.645	131	72.417	157	64.963
2	536.554	28	177.343	54	122.210	80	97.101	106	82.180	132	72.088	158	64.716
3	480.894	29	175.937	55	120.916	81	96.392	107	81.721	133	71.763	159	64.471
4	438.236	30	170.698	56	119.658	82	95.696	108	81.270	134	71.442	160	64.228
5	404.282	31	167.613	57	118.434	83	95.014	109	80.824	135	71.124	161	65.988
6	376.475	32	164.670	58	117.242	84	94.343	110	80.386	136	70.810	162	65.750
7	355.195	33	161.860	59	116.081	85	95.686	111	79.953	137	70.500	163	65.515
8	335.356	34	159.172	60	114.950	86	95.040	112	79.527	138	70.193	164	65.281
9	316.205	35	156.599	61	115.848	87	92.405	113	79.106	139	69.890	165	65.050
10	301.195	36	154.132	62	112.773	88	91.782	114	78.691	140	69.591	166	62.822
11	287.926	37	151.765	63	111.724	89	91.170	115	78.282	141	69.294	167	62.595
12	276.093	38	149.492	64	110.701	90	90.569	116	77.879	142	69.001	168	62.370
13	265.459	39	147.305	65	109.702	91	89.978	117	77.481	143	68.711	169	62.148
14	255.839	40	145.201	66	108.726	92	89.397	118	77.088	144	68.424	170	61.928
15	247.085	41	145.175	67	107.773	93	88.825	119	76.700	145	68.141	171	61.709
16	239.078	42	141.221	68	106.841	94	88.263	120	76.318	146	67.860	172	61.493
17	231.719	43	139.335	69	105.930	95	87.711	121	75.940	147	67.583	173	61.279
18	224.928	44	137.515	70	105.040	96	87.167	122	75.568	148	67.308	174	61.067
19	218.636	45	135.756	71	104.169	97	86.633	123	75.200	149	67.037	175	60.856
20	212.788	46	134.054	72	105.316	98	86.106	124	74.836	150	66.768	176	60.648
21	207.334	47	132.408	73	102.482	99	85.588	125	74.478	151	66.502	177	60.441
22	202.233	48	130.814	74	101.666	100	85.079	126	74.124	152	66.239	178	60.236
23	197.450	49	129.270	75	100.866	101	84.577	127	75.774	153	65.979	179	60.033
24	192.953	50	127.772	76	100.082	102	84.083	128	75.428	154	65.721	180	59.832
25	188.716	51	126.320	77	99.315	103	85.596	129	75.087	155	65.466	181	59.633
26	184.715	52	124.910	78	98.562	104	85.117	130	72.750	156	65.213	182	59.435

表 5-2-17　土默特左旗暴雨强度常用数据表（$P=50$ a；t:min；q:L/(s·hm²)）

t	q	t	q	t	q	t	q	t	q	t	q	t	q
1	712.475	27	209.620	53	144.911	79	115.727	105	98.400	131	86.669	157	78.084
2	619.005	28	205.584	54	145.405	80	114.903	106	97.867	132	86.290	158	77.798
3	552.663	29	201.751	55	141.941	81	114.096	107	97.343	133	85.917	159	77.515
4	502.589	30	198.106	56	140.516	82	115.303	108	96.825	134	85.547	160	77.235
5	465.147	31	194.633	57	139.129	83	112.525	109	96.316	135	85.182	161	76.958
6	431.090	32	191.320	58	137.779	84	111.761	110	95.813	136	84.821	162	76.683
7	404.402	33	188.155	59	136.464	85	111.011	111	95.317	137	84.464	163	76.411
8	381.755	34	185.128	60	135.182	86	110.275	112	94.829	138	84.111	164	76.142
9	362.240	35	182.229	61	135.932	87	109.551	113	94.347	139	85.762	165	75.875
10	345.206	36	179.450	62	132.713	88	108.841	114	95.871	140	85.417	166	75.611
11	330.177	37	176.782	63	131.523	89	108.142	115	95.402	141	85.076	167	75.349
12	316.795	38	174.219	64	130.362	90	107.456	116	92.940	142	82.738	168	75.089
13	304.786	39	171.754	65	129.228	91	106.781	117	92.483	143	82.404	169	74.832
14	295.932	40	169.381	66	128.121	92	106.118	118	92.032	144	82.074	170	74.578
15	284.064	41	167.095	67	127.038	93	105.466	119	91.588	145	81.747	171	74.325
16	275.043	42	164.890	68	125.980	94	104.824	120	91.149	146	81.424	172	74.075
17	266.757	43	162.762	69	124.946	95	104.193	121	90.716	147	81.105	173	75.827
18	259.113	44	160.707	70	125.934	96	105.572	122	90.288	148	80.788	174	75.582
19	252.034	45	158.720	71	122.944	97	102.961	123	89.865	149	80.475	175	75.339
20	245.454	46	156.799	72	121.975	98	102.359	124	89.448	150	80.165	176	75.097
21	239.319	47	154.939	73	121.027	99	101.767	125	89.037	151	79.859	177	72.858
22	235.582	48	155.137	74	120.098	100	101.184	126	88.630	152	79.555	178	72.621
23	228.202	49	151.391	75	119.188	101	100.610	127	88.228	153	79.255	179	72.386
24	225.144	50	149.698	76	118.297	102	100.045	128	87.831	154	78.958	180	72.154
25	218.378	51	148.055	77	117.423	103	99.488	129	87.439	155	78.663	181	71.923
26	215.878	52	146.460	78	116.567	104	98.940	130	87.052	156	78.372	182	71.694

表 5-2-18 土默特左旗暴雨强度常用数据表($P=100$ a;t:min;q:L/(s·hm²))

t	q	t	q	t	q	t	q	t	q	t	q	t	q
1	788.659	27	231.495	53	161.362	79	129.594	105	110.659	131	97.798	157	88.361
2	681.541	28	227.127	54	159.726	80	128.695	106	110.076	132	97.383	158	88.046
3	606.827	29	222.979	55	158.134	81	127.813	107	109.501	133	96.972	159	87.735
4	551.051	30	219.033	56	156.586	82	126.948	108	108.935	134	96.567	160	87.427
5	507.444	31	215.273	57	155.079	83	126.099	109	108.377	135	96.165	161	87.121
6	472.187	32	211.686	58	155.610	84	125.265	110	107.826	136	95.769	162	86.819
7	442.947	33	208.259	59	152.180	85	124.447	111	107.283	137	95.377	163	86.520
8	418.207	34	204.981	60	150.786	86	125.642	112	106.748	138	94.989	164	86.223
9	396.934	35	201.841	61	149.426	87	122.852	113	106.220	139	94.606	165	85.929
10	378.398	36	198.830	62	148.099	88	122.076	114	105.699	140	94.226	166	85.638
11	362.067	37	195.940	63	146.805	89	121.313	115	105.185	141	95.851	167	85.349
12	347.540	38	195.162	64	145.541	90	120.563	116	104.678	142	95.480	168	85.063
13	334.514	39	190.490	65	144.307	91	119.826	117	104.177	143	95.113	169	84.780
14	322.749	40	187.918	66	145.101	92	119.101	118	105.683	144	92.750	170	84.500
15	312.058	41	185.439	67	141.922	93	118.388	119	105.195	145	92.391	171	84.222
16	302.289	42	185.048	68	140.770	94	117.687	120	102.714	146	92.036	172	85.946
17	295.319	43	180.740	69	139.643	95	116.997	121	102.239	147	91.684	173	85.673
18	285.045	44	178.511	70	138.541	96	116.318	122	101.770	148	91.336	174	85.402
19	277.384	45	176.355	71	137.462	97	115.649	123	101.306	149	90.992	175	85.134
20	270.265	46	174.270	72	136.407	98	114.992	124	100.849	150	90.651	176	82.868
21	265.627	47	172.252	73	135.373	99	114.344	125	100.397	151	90.314	177	82.604
22	257.420	48	170.296	74	134.360	100	115.706	126	99.951	152	89.980	178	82.343
23	251.599	49	168.401	75	135.368	101	115.078	127	99.510	153	89.650	179	82.084
24	246.128	50	166.562	76	132.396	102	112.460	128	99.074	154	89.323	180	81.827
25	240.971	51	164.778	77	131.444	103	111.851	129	98.644	155	88.999	181	81.573
26	236.102	52	165.045	78	130.510	104	111.250	130	98.219	156	88.678	182	81.320

5.3 托克托县暴雨强度公式

本节选择1966—2018年托克托县降雨资料统计样本,采用暴雨强度公式计算系统,运用耿贝尔分布曲线进行样本序列拟合、最小二乘法推算出托克托县短历时暴雨强度公式。

5.3.1 托克托县降雨强度、重现期和历时的关系

通过耿贝尔分布曲线对1959－2018年降雨资料的统计样本进行频率调整,得出托克托县暴雨强度、重现期与历时(i-P-t)的关系,见表5-3-1。

表5-3-1 托克托县(i-P-t)关系表　　　　　　　　　　单位:mm/min

P(a)	i(min)										
	5	10	15	20	30	45	60	90	120	150	180
100	15.731	25.923	35.828	38.254	44.720	55.481	58.208	67.287	71.116	75.175	76.053
50	14.196	25.261	30.230	34.166	39.941	47.699	51.928	59.994	65.596	67.252	68.213
30	15.058	21.288	27.563	31.136	36.398	45.411	47.272	54.588	58.020	61.378	62.400
20	12.148	19.709	25.429	28.711	35.563	39.982	45.548	50.263	55.560	56.679	57.750
10	10.566	16.964	21.719	24.497	28.636	34.020	37.074	42.745	45/807	48.510	49.667
5	8.916	14.103	17.852	20.103	25.499	27.804	30.325	34.907	37.725	39.995	41.241
3	7.604	11.826	14.774	16.607	19.411	22.858	24.953	28.669	31.293	35.217	34.535
2	6.425	9.782	12.011	15.468	15.741	18.417	20.131	25.609	25.517	27.133	28.514
1	4.388	6.161	7.117	7.907	9.240	10.551	11.589	15.150	15.288	15.355	17.849

5.3.2 托克托县单一重现期暴雨强度公式

采用耿贝尔分布曲线对托克托县的1966－2018年统计样本进行拟合,使用最小二乘法逐个推算出托克托县单一重现期暴雨强度公式,见表5-3-2。

表5-3-2 托克托县单一重现期暴雨强度公式

重现期(a)	公式
1	$428.021/(t+1.645)^{0.668}$
2	$1302.600/(t+6.021)^{0.738}$
3	$1794.749/(t+7.406)^{0.761}$
5	$2405.464/(t+8.867)^{0.784}$
10	$3245.808/(t+10.564)^{0.809}$
20	$4285.220/(t+12.065)^{0.831}$
30	$4881.410/(t+12.628)^{0.839}$
40	$5301.081/(t+12.983)^{0.844}$
50	$5625.061/(t+15.242)^{0.848}$
60	$5889.088/(t+15.446)^{0.850}$
70	$6112.033/(t+15.615)^{0.853}$
80	$6304.751/(t+15.758)^{0.855}$
90	$6474.590/(t+15.883)^{0.856}$
100	$6626.393/(t+15.994)^{0.858}$

注:"~"符号表示指数运算

5.3.3 托克托县区间暴雨强度公式

采用耿贝尔分布曲线对托克托县的1966—2018年统计样本进行拟合,使用最小二乘法推算出重现期2~10 a和10~100 a托克托县的区间暴雨强度公式,见表5-3-3。

表5-3-3 托克托县区间暴雨强度公式

重现期(a)	区间	参数	公式
2~10	Ⅱ	n	$0.733+0.036\ln(t-0.836)$
		b	$5.682+2.233\ln(t-0.836)$
		A	$5.416+6.921\ln(t-0.116)$
10~100	Ⅲ	n	$0.799+0.013\ln(t-7.842)$
		b	$9.596+0.971\ln(t-7.290)$
		A	$0.283+8.567\ln(t-0.660)$

5.3.4 托克托县暴雨强度总公式

运用暴雨强度计算系统,采用耿贝尔分布曲线拟合,使用误差最小的最小二乘法推算暴雨强度公式的各系数,得出托克托县暴雨强度总公式,见公式5-3-1。

$$q=\frac{1628.517\times(1+0.997\lg P)}{(t+10.596)^{0.809}} \tag{5-3-1}$$

5.3.5 托克托县暴雨强度公式精度

单一重现期暴雨强度公式(2~20 a)平均绝对方差(X_m)为0.022 mm/min,平均相对方差(U_m)为2.93%;

暴雨强度总公式(2~20 a)平均绝对方差(X_m)为0.031 mm/min,平均相对方差(U_m)为4.14%。

托克托县单一重现期暴雨强度公式与暴雨强度总公式均符合《室外排水设计规范》(GB 50014—2006,2016版)的精度要求($X_m \leqslant 0.05$ mm/min,$U_m \leqslant 5\%$)。

5.3.6 托克托县综合雨峰位置系数

按照《室外排水设计规范》(GB 50014—2006,2016版)和《城市暴雨强度公式编制和设计暴雨雨型确定技术导则》的要求,运用暴雨雨型分析系统,计算出托克托县短历时雨峰位置系数,见表5-3-4。

表5-3-4中,托克托县各历时暴雨的雨峰位置系数为0.358~0.465,综合雨峰系数为0.387,雨峰出现在降雨过程中部偏前位置。

表 5-3-4 托克托县综合雨峰位置系数

历时(min)	30	60	90	120	150	180	综合系数
降雨场次(次)	131	133	132	116	121	123	756
雨峰位置系数	0.465	0.395	0.358	0.364	0.371	0.365	0.387
雨峰时间位置(min)	14.0	25.7	34.6	32.2	55.7	65.7	

5.3.7 托克托县暴雨强度与重现期关系表(表 5-3-5~表 5-3-10)

表 5-3-5 托克托县 30 min 历时暴雨强度与重现期 P 关系表　　　单位:mm/min

历时(min)	$P=2$ a	$P=3$ a	$P=5$ a	$P=10$ a	$P=20$ a	$P=50$ a	$P=100$ a
5	0.394	0.447	0.514	0.605	0.696	0.816	0.907
10	0.756	0.858	0.987	1.161	1.336	1.567	1.741
15	1.452	1.648	1.895	2.230	2.565	5.008	5.343
20	0.615	0.699	0.803	0.945	1.087	1.275	1.417
25	0.369	0.419	0.482	0.567	0.652	0.765	0.850
30	0.259	0.293	0.337	0.397	0.457	0.536	0.595

表 5-3-6 托克托县 60 min 历时暴雨强度与重现期 P 关系表　　　单位:mm/min

历时(min)	$P=2$ a	$P=3$ a	$P=5$ a	$P=10$ a	$P=20$ a	$P=50$ a	$P=100$ a
5	0.164	0.186	0.214	0.252	0.289	0.339	0.377
10	0.224	0.254	0.292	0.344	0.396	0.464	0.516
15	0.348	0.395	0.454	0.534	0.615	0.721	0.801
20	0.707	0.802	0.923	1.086	1.249	1.465	1.628
25	1.418	1.610	1.851	2.178	2.505	2.938	5.265
30	0.655	0.743	0.855	1.006	1.157	1.357	1.508
35	0.405	0.459	0.528	0.622	0.715	0.838	0.932
40	0.287	0.326	0.375	0.441	0.507	0.595	0.661
45	0.221	0.25	0.288	0.339	0.390	0.457	0.508
50	0.179	0.203	0.233	0.274	0.315	0.370	0.411
55	0.150	0.170	0.195	0.230	0.265	0.310	0.345
60	0.129	0.146	0.168	0.198	0.228	0.267	0.297

表 5-3-7 托克托县 90 min 历时暴雨强度与重现期 P 关系表　　　单位:mm/min

历时(min)	$P=2$ a	$P=3$ a	$P=5$ a	$P=10$ a	$P=20$ a	$P=50$ a	$P=100$ a
5	0.102	0.115	0.133	0.156	0.179	0.210	0.234
10	0.125	0.141	0.163	0.191	0.220	0.258	0.287
15	0.161	0.183	0.210	0.248	0.285	0.334	0.371
20	0.228	0.258	0.297	0.350	0.402	0.472	0.524

续表

历时(min)	P=2 a	P=3 a	P=5 a	P=10 a	P=20 a	P=50 a	P=100 a
25	0.377	0.428	0.493	0.580	0.667	0.782	0.869
30	0.919	1.043	1.200	1.412	1.624	1.905	2.117
35	1.104	1.254	1.441	1.696	1.951	2.288	2.543
40	0.583	0.662	0.761	0.896	1.031	1.209	1.343
45	0.382	0.433	0.498	0.587	0.675	0.791	0.879
50	0.280	0.317	0.365	0.429	0.494	0.579	0.644
55	0.219	0.249	0.286	0.336	0.387	0.454	0.504
60	0.179	0.204	0.234	0.276	0.317	0.372	0.413
65	0.152	0.172	0.198	0.233	0.268	0.314	0.349
70	0.131	0.149	0.172	0.202	0.232	0.272	0.303
75	0.116	0.132	0.151	0.178	0.205	0.240	0.267
80	0.104	0.118	0.135	0.159	0.183	0.215	0.239
85	0.094	0.107	0.123	0.144	0.166	0.195	0.216
90	0.086	0.097	0.112	0.132	0.152	0.178	0.198

表 5-3-8　托克托县 120 min 历时暴雨强度与重现期 P 关系表　　　单位：mm/min

历时(min)	P=2 a	P=3 a	P=5 a	P=10 a	P=20 a	P=50 a	P=100 a
5	0.073	0.083	0.095	0.112	0.129	0.151	0.168
10	0.083	0.095	0.109	0.128	0.147	0.173	0.192
15	0.098	0.111	0.128	0.150	0.173	0.203	0.226
20	0.119	0.135	0.155	0.182	0.210	0.246	0.274
25	0.151	0.171	0.197	0.232	0.267	0.313	0.348
30	0.207	0.235	0.270	0.318	0.365	0.428	0.476
35	0.323	0.366	0.421	0.496	0.570	0.669	0.743
40	0.669	0.760	0.873	1.028	1.182	1.387	1.541
45	1.431	1.624	1.868	2.198	2.529	2.965	5.296
50	0.678	0.769	0.884	1.041	1.197	1.404	1.561
55	0.422	0.480	0.551	0.649	0.746	0.875	0.973
60	0.301	0.342	0.393	0.462	0.532	0.624	0.693
65	0.232	0.263	0.302	0.356	0.409	0.480	0.534
70	0.188	0.213	0.245	0.288	0.332	0.389	0.432
75	0.157	0.179	0.205	0.242	0.278	0.326	0.362
80	0.135	0.154	0.177	0.208	0.239	0.281	0.312
85	0.119	0.135	0.155	0.183	0.210	0.246	0.274
90	0.106	0.120	0.138	0.163	0.187	0.220	0.244
95	0.096	0.109	0.125	0.147	0.169	0.198	0.220
100	0.087	0.099	0.114	0.134	0.154	0.181	0.201
105	0.080	0.091	0.105	0.123	0.142	0.166	0.185

续表

历时(min)	P=2 a	P=3 a	P=5 a	P=10 a	P=20 a	P=50 a	P=100 a
110	0.074	0.084	0.097	0.114	0.131	0.154	0.171
115	0.069	0.078	0.090	0.106	0.122	0.143	0.159
120	0.065	0.073	0.084	0.099	0.114	0.134	0.149

表 5-3-9　托克托县 150 min 历时暴雨强度与重现期 P 关系表　　单位：mm/min

历时(min)	P=2 a	P=3 a	P=5 a	P=10 a	P=20 a	P=50 a	P=100 a
5	0.057	0.090	0.075	0.088	0.101	0.118	0.131
10	0.063	0.097	0.082	0.097	0.112	0.131	0.145
15	0.071	0.105	0.092	0.109	0.125	0.146	0.163
20	0.080	0.115	0.105	0.124	0.142	0.167	0.185
25	0.093	0.128	0.122	0.144	0.165	0.194	0.215
30	0.112	0.145	0.146	0.172	0.197	0.231	0.257
35	0.139	0.169	0.181	0.214	0.246	0.288	0.320
40	0.184	0.206	0.240	0.283	0.325	0.381	0.424
45	0.270	0.272	0.352	0.415	0.477	0.559	0.622
50	0.484	0.425	0.631	0.743	0.855	1.003	1.114
55	1.492	1.240	1.947	2.291	2.636	5.091	5.435
60	0.862	0.829	1.126	1.325	1.524	1.787	1.986
65	0.494	0.471	0.645	0.759	0.873	1.023	1.137
70	0.337	0.338	0.439	0.517	0.595	0.697	0.775
75	0.252	0.269	0.329	0.387	0.446	0.523	0.581
80	0.201	0.225	0.262	0.308	0.355	0.416	0.462
85	0.166	0.196	0.217	0.255	0.294	0.344	0.383
90	0.142	0.174	0.185	0.218	0.250	0.294	0.326
95	0.124	0.158	0.161	0.190	0.218	0.256	0.285
100	0.110	0.145	0.143	0.168	0.193	0.227	0.252
105	0.098	0.134	0.128	0.151	0.174	0.204	0.227
110	0.089	0.125	0.117	0.137	0.158	0.185	0.206
115	0.082	0.117	0.107	0.126	0.145	0.170	0.189
120	0.076	0.111	0.099	0.116	0.134	0.157	0.174
125	0.070	0.105	0.092	0.108	0.124	0.146	0.162
130	0.066	0.100	0.086	0.101	0.116	0.136	0.151
135	0.062	0.096	0.080	0.095	0.109	0.128	0.142
140	0.058	0.092	0.076	0.089	0.103	0.120	0.134
145	0.055	0.088	0.072	0.084	0.097	0.114	0.127
150	0.052	0.085	0.068	0.080	0.092	0.108	0.120

表 5-3-10　托克托县 180 min 历时暴雨强度与重现期 P 关系表　　　单位：mm/min

历时(min)	$P=2$ a	$P=3$ a	$P=5$ a	$P=10$ a	$P=20$ a	$P=50$ a	$P=100$ a
5	0.047	0.054	0.062	0.073	0.084	0.098	0.109
10	0.051	0.058	0.067	0.079	0.091	0.106	0.118
15	0.056	0.064	0.073	0.086	0.099	0.116	0.129
20	0.062	0.070	0.081	0.095	0.110	0.129	0.143
25	0.069	0.079	0.091	0.107	0.123	0.144	0.160
30	0.079	0.090	0.103	0.121	0.140	0.164	0.182
35	0.092	0.104	0.120	0.141	0.162	0.190	0.211
40	0.110	0.124	0.143	0.168	0.194	0.227	0.253
45	0.136	0.155	0.178	0.210	0.241	0.283	0.314
50	0.180	0.205	0.236	0.277	0.319	0.374	0.416
55	0.264	0.300	0.345	0.406	0.467	0.548	0.609
60	0.474	0.538	0.618	0.727	0.837	0.981	1.091
65	1.46	1.657	1.906	2.243	2.580	5.025	5.362
70	0.873	0.991	1.140	1.341	1.543	1.810	2.011
75	0.500	0.568	0.653	0.768	0.884	1.036	1.152
80	0.341	0.387	0.445	0.523	0.602	0.706	0.784
85	0.255	0.290	0.333	0.392	0.451	0.529	0.588
90	0.203	0.230	0.265	0.312	0.359	0.421	0.468
95	0.168	0.191	0.219	0.258	0.297	0.348	0.387
100	0.143	0.163	0.187	0.220	0.253	0.297	0.330
105	0.125	0.142	0.163	0.192	0.221	0.259	0.288
110	0.111	0.126	0.144	0.170	0.196	0.229	0.255
115	0.099	0.113	0.130	0.153	0.176	0.206	0.229
120	0.090	0.102	0.118	0.139	0.160	0.187	0.208
125	0.083	0.094	0.108	0.127	0.146	0.171	0.190
130	0.076	0.087	0.100	0.117	0.135	0.158	0.176
135	0.071	0.081	0.093	0.109	0.125	0.147	0.163
140	0.066	0.075	0.087	0.102	0.117	0.137	0.153
145	0.062	0.071	0.081	0.096	0.110	0.129	0.143
150	0.059	0.067	0.077	0.090	0.104	0.122	0.135
155	0.055	0.063	0.072	0.085	0.098	0.115	0.128
160	0.053	0.060	0.069	0.081	0.093	0.109	0.121
165	0.050	0.057	0.065	0.077	0.089	0.104	0.116
170	0.048	0.054	0.062	0.074	0.085	0.099	0.110
175	0.046	0.052	0.060	0.070	0.081	0.095	0.105
180	0.044	0.050	0.057	0.067	0.078	0.091	0.101

5.3.8 托克托县暴雨强度常用数据表(表 5-3-11～表 5-3-18)

表 5-3-11 托克托县暴雨强度常用数据表($P=1$ a;t:min;q:L/(s·hm²))

t	q	t	q	t	q	t	q	t	q	t	q	t	q
1	225.504	27	45.515	53	29.565	79	22.797	105	18.915	131	16.350	157	14.507
2	180.406	28	44.484	54	29.209	80	22.610	106	18.797	132	16.268	158	14.446
3	155.433	29	45.509	55	28.864	81	22.427	107	18.681	133	16.187	159	14.386
4	134.696	30	42.585	56	28.528	82	22.247	108	18.567	134	16.107	160	14.327
5	120.792	31	41.710	57	28.202	83	22.071	109	18.455	135	16.028	161	14.268
6	109.994	32	40.877	58	27.886	84	21.899	110	18.345	136	15.950	162	14.209
7	101.323	33	40.085	59	27.578	85	21.730	111	18.236	137	15.874	163	14.152
8	94.178	34	39.331	60	27.278	86	21.564	112	18.128	138	15.797	164	14.095
9	88.172	35	38.610	61	26.986	87	21.401	113	18.023	139	15.722	165	14.038
10	85.039	36	37.922	62	26.702	88	21.241	114	17.918	140	15.648	166	15.982
11	78.593	37	37.264	63	26.526	89	21.084	115	17.816	141	15.575	167	15.927
12	74.697	38	36.633	64	26.156	90	20.930	116	17.714	142	15.502	168	15.872
13	71.250	39	36.029	65	25.893	91	20.779	117	17.614	143	15.431	169	15.817
14	68.175	40	35.448	66	25.637	92	20.631	118	17.516	144	15.360	170	15.764
15	65.411	41	34.891	67	25.387	93	20.485	119	17.419	145	15.290	171	15.710
16	62.910	42	34.355	68	25.143	94	20.341	120	17.323	146	15.220	172	15.657
17	60.636	43	35.839	69	24.905	95	20.201	121	17.228	147	15.152	173	15.605
18	58.556	44	35.342	70	24.672	96	20.062	122	17.135	148	15.084	174	15.553
19	56.646	45	32.863	71	24.444	97	19.926	123	17.043	149	15.017	175	15.502
20	54.884	46	32.400	72	24.222	98	19.792	124	16.953	150	14.951	176	15.451
21	55.253	47	31.954	73	24.005	99	19.661	125	16.863	151	14.886	177	15.401
22	51.738	48	31.522	74	25.792	100	19.531	126	16.775	152	14.821	178	15.351
23	50.326	49	31.105	75	25.585	101	19.404	127	16.687	153	14.757	179	15.302
24	49.006	50	30.702	76	25.381	102	19.279	128	16.601	154	14.693	180	15.253
25	47.770	51	30.311	77	25.182	103	19.155	129	16.616	155	14.631	181	15.204
26	46.609	52	29.932	78	22.987	104	19.034	130	16.532	156	14.568	182	15.156

表 5-3-12 托克托县暴雨强度常用数据表($P=2$ a; t:min; q:L/(s·hm²))

t	q	t	q	t	q	t	q	t	q	t	q	t	q
1	309.150	27	98.615	53	64.240	79	49.071	105	40.300	131	34.503	157	30.351
2	280.214	28	96.568	54	65.449	80	48.649	106	40.034	132	34.319	158	30.214
3	256.941	29	94.427	55	62.680	81	48.236	107	39.772	133	34.136	159	30.079
4	237.760	30	92.485	56	61.932	82	47.831	108	39.514	134	35.956	160	29.945
5	221.642	31	90.635	57	61.206	83	47.434	109	39.261	135	35.778	161	29.813
6	207.881	32	88.870	58	60.499	84	47.044	110	39.011	136	35.603	162	29.682
7	195.976	33	87.183	59	59.811	85	46.662	111	38.764	137	35.429	163	29.552
8	185.562	34	85.570	60	59.141	86	46.287	112	38.522	138	35.258	164	29.424
9	176.363	35	84.026	61	58.488	87	45.920	113	38.283	139	35.088	165	29.297
10	168.171	36	82.545	62	57.852	88	45.559	114	38.047	140	32.921	166	29.171
11	160.821	37	81.125	63	57.233	89	45.204	115	37.815	141	32.756	167	29.047
12	154.186	38	79.761	64	56.628	90	44.856	116	37.586	142	32.592	168	28.923
13	148.162	39	78.450	65	56.039	91	44.515	117	37.360	143	32.431	169	28.801
14	142.664	40	77.188	66	55.463	92	44.179	118	37.137	144	32.271	170	28.680
15	137.624	41	75.973	67	54.902	93	45.849	119	36.918	145	32.113	171	28.561
16	132.983	42	74.802	68	54.353	94	45.526	120	36.702	146	31.957	172	28.442
17	128.696	43	75.673	69	55.818	95	45.207	121	36.588	147	31.803	173	28.325
18	124.720	44	72.583	70	55.294	96	42.894	122	36.278	148	31.650	174	28.209
19	121.021	45	71.531	71	52.783	97	42.586	123	36.070	149	31.499	175	28.094
20	117.571	46	70.513	72	52.283	98	42.284	124	35.865	150	31.350	176	27.980
21	114.345	47	69.529	73	51.794	99	41.986	125	35.663	151	31.203	177	27.867
22	111.319	48	68.577	74	51.315	100	41.694	126	35.463	152	31.057	178	27.755
23	108.475	49	67.655	75	50.847	101	41.406	127	35.266	153	30.913	179	27.644
24	105.797	50	66.762	76	50.389	102	41.123	128	35.072	154	30.770	180	27.534
25	105.269	51	65.896	77	49.940	103	40.844	129	34.880	155	30.629	181	27.426
26	100.879	52	65.056	78	49.501	104	40.570	130	34.690	156	30.489	182	27.318

表 5-3-13 托克托县暴雨强度常用数据表（$P=3$ a；t:min；q:L/(s·hm²)）

t	q	t	q	t	q	t	q	t	q	t	q	t	q
1	355.133	27	121.514	53	79.177	79	60.297	105	49.357	131	42.129	157	36.956
2	326.019	28	118.893	54	78.194	80	59.771	106	49.026	132	41.899	158	36.786
3	301.891	29	116.399	55	77.239	81	59.256	107	48.699	133	41.672	159	36.618
4	281.530	30	114.024	56	76.310	82	58.751	108	48.378	134	41.447	160	36.551
5	264.089	31	111.757	57	75.407	83	58.256	109	48.061	135	41.226	161	36.287
6	248.960	32	109.592	58	74.528	84	57.770	110	47.750	136	41.007	162	36.123
7	235.696	33	107.522	59	75.672	85	57.294	111	47.442	137	40.791	163	35.962
8	225.961	34	105.540	60	72.839	86	56.826	112	47.140	138	40.577	164	35.802
9	215.494	35	105.641	61	72.027	87	56.368	113	46.841	139	40.366	165	35.644
10	204.095	36	101.819	62	71.236	88	55.917	114	46.648	140	40.157	166	35.488
11	195.600	37	100.069	63	70.465	89	55.475	115	46.258	141	39.951	167	35.333
12	187.882	38	98.388	64	69.713	90	55.041	116	45.972	142	39.747	168	35.179
13	180.833	39	96.770	65	68.979	91	54.615	117	45.691	143	39.546	169	35.027
14	174.368	40	95.213	66	68.262	92	54.197	118	45.413	144	39.347	170	34.877
15	168.413	41	95.712	67	67.563	93	55.785	119	45.140	145	39.151	171	34.728
16	162.909	42	92.265	68	66.880	94	55.381	120	44.870	146	38.956	172	34.581
17	157.804	43	90.869	69	66.213	95	52.984	121	44.604	147	38.764	173	34.435
18	155.055	44	89.520	70	65.561	96	52.594	122	44.341	148	38.574	174	34.290
19	148.624	45	88.218	71	64.924	97	52.210	123	44.082	149	38.386	175	34.147
20	144.478	46	86.958	72	64.301	98	51.833	124	45.827	150	38.201	176	34.005
21	140.591	47	85.739	73	65.691	99	51.462	125	45.574	151	38.017	177	35.865
22	136.938	48	84.558	74	65.095	100	51.096	126	45.326	152	37.835	178	35.726
23	135.497	49	85.415	75	62.511	101	50.737	127	45.080	153	37.656	179	35.588
24	130.250	50	82.307	76	61.940	102	50.384	128	42.838	154	37.478	180	35.451
25	127.180	51	81.232	77	61.381	103	50.036	129	42.599	155	37.302	181	35.316
26	124.272	52	80.190	78	60.833	104	49.694	130	42.362	156	37.128	182	35.182

表 5-3-14　托克托县暴雨强度常用数据表（$P=5$ a；t：min；q：L/(s·hm²)）

t	q	t	q	t	q	t	q	t	q	t	q	t	q
1	399.389	27	145.197	53	94.696	79	71.925	105	58.698	131	49.957	157	45.706
2	370.278	28	142.100	54	95.513	80	71.289	106	58.297	132	49.679	158	45.501
3	345.585	29	139.149	55	92.364	81	70.667	107	57.902	133	49.404	159	45.298
4	324.345	30	136.335	56	91.245	82	70.056	108	57.513	134	49.133	160	45.097
5	305.860	31	135.646	57	90.158	83	69.458	109	57.130	135	48.865	161	42.898
6	289.611	32	131.075	58	89.099	84	68.871	110	56.753	136	48.600	162	42.701
7	275.201	33	128.615	59	88.068	85	68.295	111	56.382	137	48.339	163	42.506
8	262.325	34	126.256	60	87.064	86	67.730	112	56.016	138	48.081	164	42.313
9	250.743	35	125.994	61	86.085	87	67.175	113	55.655	139	47.825	165	42.122
10	240.263	36	121.822	62	85.131	88	66.631	114	55.299	140	47.573	166	41.933
11	230.729	37	119.735	63	84.201	89	66.097	115	54.949	141	47.324	167	41.746
12	222.014	38	117.727	64	85.294	90	65.572	116	54.604	142	47.078	168	41.561
13	214.014	39	115.795	65	82.409	91	65.057	117	54.263	143	46.835	169	41.377
14	206.642	40	115.933	66	81.544	92	64.550	118	55.928	144	46.695	170	41.196
15	199.822	41	112.138	67	80.700	93	64.053	119	55.597	145	46.357	171	41.016
16	195.495	42	110.406	68	79.876	94	65.564	120	55.27	146	46.122	172	40.838
17	187.605	43	108.733	69	79.071	95	65.084	121	52.949	147	45.890	173	40.662
18	182.108	44	107.118	70	78.284	96	62.612	122	52.631	148	45.661	174	40.488
19	176.965	45	105.555	71	77.514	97	62.148	123	52.318	149	45.434	175	40.315
20	172.140	46	104.044	72	76.762	98	61.691	124	52.009	150	45.209	176	40.144
21	167.605	47	102.581	73	76.026	99	61.243	125	51.704	151	44.987	177	39.974
22	165.333	48	101.164	74	75.305	100	60.801	126	51.403	152	44.768	178	39.807
23	159.301	49	99.791	75	74.601	101	60.367	127	51.107	153	44.551	179	39.640
24	155.488	50	98.460	76	75.911	102	59.939	128	50.814	154	44.336	180	39.476
25	151.877	51	97.168	77	75.235	103	59.519	129	50.524	155	44.124	181	39.313
26	148.451	52	95.914	78	72.573	104	59.105	130	50.239	156	45.914	182	39.151

表 5-3-15 托克托县暴雨强度常用数据表（$P=10$ a；t:min；q:L/(s·hm²)）

t	q	t	q	t	q	t	q	t	q	t	q	t	q
1	447.714	27	172.610	53	112.787	79	85.463	105	69.540	131	59.011	157	51.486
2	418.659	28	168.979	54	111.371	80	84.699	106	69.056	132	58.676	158	51.239
3	395.508	29	165.516	55	109.995	81	85.950	107	68.581	133	58.345	159	50.995
4	371.502	30	162.207	56	108.656	82	85.215	108	68.113	134	58.018	160	50.753
5	352.070	31	159.042	57	107.353	83	82.495	109	67.651	135	57.696	161	50.513
6	334.773	32	156.013	58	106.085	84	81.789	110	67.197	136	57.377	162	50.276
7	319.268	33	155.109	59	104.849	85	81.096	111	66.749	137	57.062	163	50.042
8	305.281	34	150.324	60	105.646	86	80.415	112	66.309	138	56.751	164	49.810
9	292.594	35	147.649	61	102.472	87	79.748	113	65.874	139	56.544	165	49.580
10	281.029	36	145.078	62	101.329	88	79.093	114	65.446	140	56.141	166	49.353
11	270.438	37	142.606	63	100.213	89	78.450	115	65.024	141	55.841	167	49.128
12	260.700	38	140.225	64	99.124	90	77.818	116	64.608	142	55.545	168	48.905
13	251.713	39	137.932	65	98.061	91	77.197	117	64.198	143	55.252	169	48.685
14	245.390	40	135.721	66	97.024	92	76.688	118	65.794	144	54.963	170	48.466
15	235.659	41	135.588	67	96.011	93	75.989	119	65.395	145	54.676	171	48.250
16	228.456	42	131.528	68	95.021	94	75.401	120	65.002	146	54.394	172	48.036
17	221.727	43	129.538	69	94.054	95	74.822	121	62.614	147	54.114	173	47.825
18	215.426	44	127.614	70	95.108	96	74.254	122	62.232	148	55.838	174	47.615
19	209.511	45	125.753	71	92.183	97	75.695	123	61.855	149	55.565	175	47.407
20	205.948	46	125.951	72	91.279	98	75.145	124	61.483	150	55.295	176	47.201
21	198.705	47	122.206	73	90.394	99	72.605	125	61.115	151	55.028	177	46.998
22	195.754	48	120.515	74	89.529	100	72.073	126	60.753	152	52.764	178	46.796
23	189.070	49	118.876	75	88.681	101	71.550	127	60.396	153	52.503	179	46.696
24	184.633	50	117.285	76	87.852	102	71.035	128	60.043	154	52.244	180	46.398
25	180.421	51	115.742	77	87.039	103	70.529	129	59.694	155	51.989	181	46.202
26	176.519	52	114.243	78	86.243	104	70.030	130	59.351	156	51.736	182	46.008

表 5-3-16　托克托县暴雨强度常用数据表（$P=20$ a；t:min；q:L/(s·hm^2)）

t	q	t	q	t	q	t	q	t	q	t	q	t	q
1	506.391	27	205.797	53	135.377	79	100.868	105	81.867	131	69.299	157	60.320
2	476.287	28	199.561	54	131.697	80	99.956	106	81.291	132	68.899	158	60.025
3	449.864	29	195.514	55	130.063	81	99.063	107	80.723	133	68.504	159	59.733
4	426.568	30	191.644	56	128.473	82	98.187	108	80.164	134	68.114	160	59.445
5	405.595	31	187.938	57	126.926	83	97.328	109	79.613	135	67.729	161	59.159
6	386.848	32	184.387	58	125.419	84	96.585	110	79.071	136	67.348	162	58.876
7	369.910	33	180.981	59	125.950	85	95.659	111	78.536	137	66.973	163	58.597
8	354.524	34	177.710	60	122.519	86	94.847	112	78.010	138	66.602	164	58.320
9	340.482	35	174.567	61	121.124	87	94.051	113	77.491	139	66.235	165	58.046
10	327.608	36	171.543	62	119.764	88	95.269	114	76.980	140	65.873	166	57.775
11	315.761	37	168.633	63	118.436	89	92.502	115	76.576	141	65.515	167	57.507
12	304.819	38	165.829	64	117.141	90	91.748	116	75.980	142	65.162	168	57.242
13	294.678	39	165.126	65	115.876	91	91.008	117	75.490	143	64.812	169	56.979
14	285.252	40	160.518	66	114.642	92	90.280	118	75.008	144	64.467	170	56.719
15	276.566	41	158.000	67	115.435	93	89.566	119	74.532	145	64.126	171	56.561
16	268.255	42	155.568	68	112.257	94	88.863	120	74.063	146	65.788	172	56.206
17	260.563	43	155.216	69	111.105	95	88.173	121	75.600	147	65.455	173	55.953
18	255.340	44	150.942	70	109.979	96	87.495	122	75.143	148	65.125	174	55.703
19	246.645	45	148.741	71	108.877	97	86.827	123	72.693	149	62.799	175	55.456
20	240.138	46	146.609	72	107.800	98	86.171	124	72.249	150	62.477	176	55.211
21	234.087	47	144.543	73	106.746	99	85.526	125	71.810	151	62.159	177	54.968
22	228.363	48	142.541	74	105.714	100	84.891	126	71.378	152	61.844	178	54.727
23	222.937	49	140.598	75	104.704	101	84.267	127	70.951	153	61.532	179	54.489
24	217.788	50	138.713	76	105.715	102	85.653	128	70.530	154	61.224	180	54.253
25	212.894	51	136.883	77	102.746	103	85.048	129	70.114	155	60.919	181	54.020
26	208.236	52	135.105	78	101.797	104	82.453	130	69.704	156	60.618	182	55.788

表 5-3-17　托克托县暴雨强度常用数据表（$P=50$ a; t: min; q: L/(s·hm²)）

t	q	t	q	t	q	t	q	t	q	t	q	t	q
1	591.424	27	245.109	53	160.622	79	121.302	105	98.269	131	85.027	157	72.141
2	558.351	28	240.060	54	158.594	80	120.198	106	97.570	132	82.542	158	71.784
3	529.060	29	235.232	55	156.621	81	119.115	107	96.881	133	82.063	159	71.430
4	502.922	30	230.611	56	154.701	82	118.054	108	96.203	134	81.590	160	71.080
5	479.444	31	226.183	57	152.832	83	117.013	109	95.535	135	81.123	161	70.734
6	458.230	32	221.936	58	151.010	84	115.992	110	94.878	136	80.662	162	70.392
7	438.959	33	217.859	59	149.236	85	114.990	111	94.230	137	80.206	163	70.053
8	421.372	34	215.942	60	147.506	86	114.006	112	95.591	138	79.756	164	69.718
9	405.251	35	210.176	61	145.820	87	115.041	113	92.962	139	79.312	165	69.386
10	390.416	36	206.651	62	144.175	88	112.094	114	92.342	140	78.873	166	69.057
11	376.715	37	205.059	63	142.569	89	111.163	115	91.731	141	78.439	167	68.732
12	364.021	38	199.694	64	141.003	90	110.250	116	91.129	142	78.010	168	68.411
13	352.223	39	196.547	65	139.473	91	109.352	117	90.535	143	77.587	169	68.092
14	341.228	40	195.314	66	137.979	92	108.470	118	89.950	144	77.168	170	67.777
15	330.954	41	190.288	67	136.619	93	107.604	119	89.373	145	76.754	171	67.465
16	321.331	42	187.363	68	135.093	94	106.752	120	88.804	146	76.345	172	67.156
17	312.298	43	184.534	69	135.699	95	105.916	121	88.243	147	75.941	173	66.850
18	305.801	44	181.796	70	132.336	96	105.093	122	87.689	148	75.542	174	66.647
19	295.791	45	179.146	71	131.002	97	104.284	123	87.143	149	75.147	175	66.247
20	288.228	46	176.678	72	129.698	98	105.488	124	86.604	150	74.756	176	65.950
21	281.074	47	174.089	73	128.421	99	102.706	125	86.073	151	74.370	177	65.656
22	274.296	48	171.676	74	127.172	100	101.936	126	85.548	152	75.988	178	65.365
23	267.865	49	169.334	75	125.949	101	101.179	127	85.030	153	75.610	179	65.076
24	261.753	50	167.061	76	124.751	102	100.434	128	84.520	154	75.237	180	64.791
25	255.937	51	164.853	77	125.578	103	99.701	129	84.016	155	72.868	181	64.508
26	250.395	52	162.708	78	122.428	104	98.979	130	85.518	156	72.502	182	64.228

表 5-3-18　托克托县暴雨强度常用数据表（$P=100$ a；t：min；q：L/(s·hm²)）

t	q	t	q	t	q	t	q	t	q	t	q	t	q
1	649.142	27	275.882	53	179.696	79	135.626	105	109.768	131	92.649	157	80.423
2	614.161	28	268.276	54	177.426	80	134.387	106	108.983	132	92.104	158	80.022
3	585.020	29	262.914	55	175.217	81	135.172	107	108.210	133	91.566	159	79.624
4	555.108	30	257.778	56	175.067	82	131.981	108	107.448	134	91.035	160	79.232
5	529.937	31	252.854	57	170.974	83	130.813	109	106.698	135	90.510	161	78.843
6	507.114	32	248.130	58	168.934	84	129.667	110	105.959	136	89.992	162	78.459
7	486.317	33	245.593	59	166.946	85	128.542	111	105.232	137	89.481	163	78.078
8	467.283	34	239.232	60	165.009	86	127.438	112	104.515	138	88.975	164	77.701
9	449.792	35	235.036	61	165.119	87	126.355	113	105.808	139	88.476	165	77.329
10	435.660	36	230.997	62	161.276	88	125.291	114	105.112	140	87.983	166	76.960
11	418.730	37	227.105	63	159.477	89	124.247	115	102.426	141	87.496	167	76.695
12	404.870	38	225.352	64	157.721	90	125.221	116	101.749	142	87.014	168	76.234
13	391.967	39	219.731	65	156.006	91	122.213	117	101.082	143	86.639	169	75.876
14	379.923	40	216.234	66	154.331	92	121.223	118	100.425	144	86.068	170	75.522
15	368.652	41	212.856	67	152.695	93	120.250	119	99.777	145	85.604	171	75.172
16	358.081	42	209.591	68	151.096	94	119.294	120	99.137	146	85.144	172	74.825
17	348.146	43	206.531	69	149.532	95	118.355	121	98.507	147	84.690	173	74.482
18	338.788	44	205.374	70	148.004	96	117.431	122	97.885	148	84.242	174	74.142
19	329.959	45	200.412	71	146.608	97	116.623	123	97.272	149	85.798	175	75.805
20	321.613	46	197.543	72	145.045	98	115.629	124	96.667	150	85.359	176	75.471
21	315.712	47	194.760	73	145.614	99	114.751	125	96.070	151	82.926	177	75.141
22	306.219	48	192.062	74	142.212	100	115.887	126	95.481	152	82.497	178	72.814
23	299.103	49	189.443	75	140.840	101	115.036	127	94.899	153	82.073	179	72.490
24	292.336	50	186.900	76	139.496	102	112.200	128	94.326	154	81.654	180	72.170
25	285.891	51	184.430	77	138.180	103	111.376	129	95.759	155	81.239	181	71.852
26	279.747	52	182.030	78	136.890	104	110.566	130	95.200	156	80.829	182	71.537

5.4　和林格尔县暴雨强度公式

本节选择 1959—2018 年和林格尔县降雨资料统计样本，采用暴雨强度公式计算系统，运用耿贝尔分布曲线进行样本序列拟合、最小二乘法推算出和林格尔县短历时暴雨强度公式。

5.4.1 和林格尔县降雨强度、重现期和历时的关系

通过耿贝尔分布曲线对1959－2018年降雨资料统计的样本进行频率调整,得出和林格尔县暴雨强度、重现期与历时(i-P-t)的关系见表5-4-1。

表5-4-1 和林格尔县(i-P-t)关系表　　　　　　　　　单位:mm/min

$P(a)$	i(min)										
	5	10	15	20	30	45	60	90	120	150	180
100	16.817	26.378	32.310	37.698	42.934	48.253	52.293	59.401	65.838	69.207	75.572
50	15.215	25.768	29.089	35.910	38.660	45.458	47.132	55.549	57.570	62.331	66.221
30	14.027	21.833	26.702	31.101	35.492	39.904	45.305	49.211	52.922	57.232	60.770
20	15.077	20.286	24.792	28.854	32.957	37.060	40.244	45.740	49.204	55.154	57.510
10	11.425	17.595	21.472	24.949	28.550	32.117	34.924	39.707	42.741	46.065	48.830
5	9.703	14.790	18.011	20.877	25.957	26.964	29.377	35.418	36.003	38.674	40.929
3	8.333	12.558	15.256	17.636	20.301	22.864	24.962	28.412	30.641	32.972	34.640
2	7.103	10.554	12.783	14.727	17.018	19.182	20.998	25.918	25.827	27.511	28.995
1	4.924	7.004	8.402	9.574	11.205	12.660	15.978	15.958	17.300	18.157	18.995

5.4.2 和林格尔县单一重现期暴雨强度公式

采用耿贝尔分布曲线对和林格尔县的1959－2018年统计样本进行拟合,使用最小二乘法逐个推算出和林格尔县单一重现期暴雨强度公式(表5-4-2)。

表5-4-2 和林格尔县单一重现期暴雨强度公式

重现期(a)	公式
1	$638.441/(t+2.821)^{\wedge}0.687$
2	$1589.840/(t+5.169)^{\wedge}0.765$
3	$2125.242/(t+5.912)^{\wedge}0.790$
5	$2787.564/(t+6.696)^{\wedge}0.816$
10	$3680.680/(t+7.416)^{\wedge}0.840$
20	$4579.975/(t+7.938)^{\wedge}0.855$
30	$5104.188/(t+8.135)^{\wedge}0.862$
40	$5475.763/(t+8.258)^{\wedge}0.866$
50	$5765.671/(t+8.348)^{\wedge}0.868$
60	$5998.974/(t+8.419)^{\wedge}0.871$
70	$6197.704/(t+8.478)^{\wedge}0.873$
80	$6369.881/(t+8.528)^{\wedge}0.874$
90	$6521.684/(t+8.571)^{\wedge}0.876$
100	$6657.455/(t+8.610)^{\wedge}0.877$

注:"^"符号表示指数运算

5.4.3 和林格尔县区间暴雨强度公式

采用耿贝尔分布曲线对和林格尔县的1959—2018年统计样本进行拟合,使用最小二乘法推算出重现期2~10 a和10~100 a和林格尔县的区间暴雨强度公式(表5-4-3)。

表5-4-3 和林格尔县区间暴雨强度公式

重现期(a)	区间	参数	公式
2~10	Ⅱ	n	$0.759+0.040\ln(t-0.836)$
		b	$4.987+1.198\ln(t-0.836)$
		A	$4.751+7.529\ln(t-0.116)$
10~100	Ⅲ	n	$0.827+0.011\ln(t-6.737)$
		b	$7.079+0.338\ln(t-7.290)$
		A	$4.372+7.709\ln(t-0.107)$

5.4.4 和林格尔县暴雨强度总公式

运用暴雨强度计算系统,采用耿贝尔分布曲线拟合,使用误差最小的最小二乘法推算暴雨强度公式的各系数,得出和林格尔县暴雨强度总公式(公式5-4-1)。

$$q=\frac{1684.013\times(1+0.997\lg P)}{(t+8.427)^{0.841}} \tag{5-4-1}$$

5.4.5 和林格尔县暴雨强度公式精度

单一重现期暴雨强度公式(2~20 a)平均绝对方差(X_m)为0.010 mm/min,平均相对方差(U_m)为1.4%;

暴雨强度总公式(2~20 a)平均绝对方差(X_m)为0.017 mm/min,平均相对方差(U_m)为2.29%。

托克托县单一重现期暴雨强度公式与暴雨强度总公式均符合《室外排水设计规范》(GB 50014—2006,2016版)的精度要求($X_m\leqslant 0.05$ mm/min,$U_m\leqslant 5\%$)。

5.4.6 和林格尔县综合雨峰位置系数

按照《室外排水设计规范》(GB 50014—2006,2016版)和《城市暴雨强度公式编制和设计暴雨雨型确定技术导则》的要求,运用暴雨雨型分析系统,计算出和林格尔县短历时雨峰位置系数见表5-4-4。

表5-4-4中,和林格尔县各历时暴雨的雨峰位置系数为0.34~0.482,综合雨峰系数为0.385,雨峰出现在降雨过程中部偏前位置。

表 5-4-4　和林格尔县综合雨峰位置系数

历时(min)	30	60	90	120	150	180	综合系数
降雨场次(次)	139	122	115	110	108	112	706
雨峰位置系数	0.482	0.407	0.361	0.340	0.345	0.372	0.385
雨峰时间位置(min)	14.5	24.4	32.5	40.8	51.8	67.0	

5.4.7　和林格尔县暴雨强度与重现期关系表（表 5-4-5～表 5-4-10）

表 5-4-5　和林格尔县 30 min 历时暴雨强度与重现期 P 关系表　　单位:mm/min

历时(min)	$P=2$ a	$P=3$ a	$P=5$ a	$P=10$ a	$P=20$ a	$P=50$ a	$P=100$ a
5	0.325	0.369	0.424	0.499	0.574	0.673	0.748
10	0.658	0.747	0.859	1.011	1.163	1.364	1.516
15	1.755	1.991	2.290	2.695	5.100	5.635	4.040
20	0.583	0.662	0.761	0.895	1.030	1.208	1.342
25	0.313	0.355	0.408	0.480	0.553	0.648	0.720
30	0.204	0.232	0.267	0.314	0.361	0.424	0.471

表 5-4-6　和林格尔县 60 min 历时暴雨强度与重现期 P 关系表　　单位:mm/min

历时(min)	$P=2$ a	$P=3$ a	$P=5$ a	$P=10$ a	$P=20$ a	$P=50$ a	$P=100$ a
5	0.120	0.136	0.157	0.184	0.212	0.249	0.276
10	0.169	0.192	0.221	0.260	0.299	0.351	0.390
15	0.272	0.309	0.356	0.418	0.481	0.564	0.627
20	0.575	0.653	0.751	0.883	1.016	1.192	1.324
25	1.773	2.013	2.315	2.724	5.133	5.675	4.084
30	0.649	0.737	0.847	0.997	1.147	1.345	1.495
35	0.359	0.407	0.468	0.551	0.634	0.743	0.826
40	0.237	0.269	0.309	0.364	0.419	0.491	0.546
45	0.173	0.197	0.226	0.266	0.306	0.359	0.399
50	0.135	0.153	0.176	0.207	0.238	0.279	0.311
55	0.110	0.124	0.143	0.168	0.194	0.227	0.253
60	0.092	0.104	0.120	0.141	0.163	0.191	0.212

表 5-4-7　和林格尔县 90 min 历时暴雨强度与重现期 P 关系表　　单位:mm/min

历时(min)	$P=2$ a	$P=3$ a	$P=5$ a	$P=10$ a	$P=20$ a	$P=50$ a	$P=100$ a
5	0.070	0.079	0.091	0.107	0.124	0.145	0.161
10	0.088	0.100	0.115	0.135	0.156	0.183	0.203
15	0.118	0.134	0.154	0.181	0.208	0.244	0.272
20	0.174	0.197	0.227	0.267	0.307	0.360	0.400
25	0.306	0.348	0.400	0.471	0.541	0.635	0.705
30	0.823	0.934	1.074	1.264	1.454	1.705	1.895

历时(min)	$P=2$ a	$P=3$ a	$P=5$ a	$P=10$ a	$P=20$ a	$P=50$ a	$P=100$ a
35	1.154	1.310	1.506	1.773	2.039	2.391	2.658
40	0.536	0.609	0.700	0.824	0.948	1.111	1.235
45	0.326	0.370	0.425	0.500	0.575	0.675	0.750
50	0.226	0.257	0.295	0.347	0.400	0.469	0.521
55	0.170	0.193	0.222	0.262	0.301	0.353	0.392
60	0.135	0.153	0.176	0.208	0.239	0.280	0.311
65	0.111	0.126	0.145	0.171	0.197	0.231	0.257
70	0.094	0.107	0.123	0.145	0.167	0.196	0.217
75	0.082	0.093	0.107	0.125	0.144	0.169	0.188
80	0.072	0.082	0.094	0.110	0.127	0.149	0.165
85	0.064	0.073	0.084	0.098	0.113	0.133	0.148
90	0.058	0.066	0.075	0.089	0.102	0.120	0.133

表 5-4-8 和林格尔县 120 min 历时暴雨强度与重现期 P 关系表　　单位:mm/min

历时(min)	$P=2$ a	$P=3$ a	$P=5$ a	$P=10$ a	$P=20$ a	$P=50$ a	$P=100$ a
5	0.048	0.055	0.063	0.074	0.086	0.100	0.112
10	0.057	0.065	0.075	0.088	0.101	0.119	0.132
15	0.070	0.080	0.092	0.108	0.124	0.145	0.162
20	0.090	0.102	0.117	0.138	0.159	0.186	0.207
25	0.124	0.140	0.162	0.190	0.219	0.256	0.285
30	0.192	0.217	0.250	0.294	0.339	0.397	0.441
35	0.375	0.426	0.490	0.577	0.663	0.778	0.864
40	1.431	1.624	1.867	2.198	2.528	2.964	5.295
45	0.870	0.987	1.135	1.336	1.537	1.802	2.003
50	0.458	0.520	0.598	0.703	0.809	0.949	1.054
55	0.295	0.334	0.385	0.453	0.521	0.611	0.679
60	0.212	0.240	0.276	0.325	0.374	0.438	0.487
65	0.163	0.185	0.212	0.250	0.287	0.337	0.375
70	0.131	0.149	0.171	0.201	0.231	0.271	0.302
75	0.109	0.124	0.142	0.168	0.193	0.226	0.251
80	0.093	0.106	0.122	0.143	0.164	0.193	0.214
85	0.081	0.092	0.106	0.124	0.143	0.168	0.187
90	0.072	0.081	0.094	0.110	0.127	0.148	0.165
95	0.064	0.073	0.084	0.099	0.113	0.133	0.148
100	0.058	0.066	0.076	0.089	0.103	0.120	0.134
105	0.053	0.060	0.069	0.081	0.094	0.110	0.122
110	0.049	0.055	0.064	0.075	0.086	0.101	0.112
115	0.045	0.051	0.059	0.069	0.080	0.093	0.104
120	0.042	0.048	0.055	0.064	0.074	0.087	0.096

表 5-4-9　和林格尔县 150 min 历时暴雨强度与重现期 P 关系表　　单位：mm/min

历时(min)	P=2 a	P=3 a	P=5 a	P=10 a	P=20 a	P=50 a	P=100 a
5	0.037	0.042	0.048	0.056	0.065	0.076	0.084
10	0.042	0.047	0.054	0.064	0.073	0.086	0.096
15	0.048	0.054	0.062	0.073	0.084	0.099	0.110
20	0.056	0.064	0.074	0.087	0.100	0.117	0.130
25	0.068	0.078	0.089	0.105	0.121	0.142	0.158
30	0.087	0.099	0.113	0.133	0.154	0.180	0.200
35	0.118	0.133	0.154	0.181	0.208	0.244	0.271
40	0.177	0.201	0.231	0.272	0.313	0.367	0.408
45	0.326	0.370	0.425	0.501	0.576	0.675	0.750
50	1.004	1.140	1.310	1.542	1.774	2.080	2.312
55	1.017	1.154	1.327	1.562	1.797	2.107	2.342
60	0.504	0.572	0.657	0.773	0.890	1.043	1.160
65	0.315	0.357	0.411	0.483	0.556	0.652	0.725
70	0.222	0.252	0.290	0.341	0.392	0.460	0.511
75	0.169	0.192	0.220	0.259	0.298	0.350	0.389
80	0.135	0.153	0.176	0.207	0.238	0.280	0.311
85	0.112	0.127	0.146	0.172	0.197	0.231	0.257
90	0.095	0.108	0.124	0.146	0.168	0.197	0.219
95	0.082	0.093	0.108	0.127	0.146	0.171	0.190
100	0.073	0.082	0.095	0.112	0.128	0.150	0.167
105	0.065	0.074	0.085	0.100	0.115	0.134	0.149
110	0.059	0.066	0.076	0.090	0.104	0.121	0.135
115	0.053	0.061	0.070	0.082	0.094	0.111	0.123
120	0.049	0.056	0.064	0.075	0.087	0.102	0.113
125	0.045	0.051	0.059	0.070	0.080	0.094	0.104
130	0.042	0.048	0.055	0.065	0.074	0.087	0.097
135	0.039	0.045	0.051	0.060	0.069	0.081	0.091
140	0.037	0.042	0.048	0.057	0.065	0.076	0.085
145	0.035	0.039	0.045	0.053	0.061	0.072	0.080
150	0.033	0.037	0.043	0.050	0.058	0.068	0.076

表 5-4-10　和林格尔县 180 min 历时暴雨强度与重现期 P 关系表　　单位：mm/min

历时(min)	P=2 a	P=3 a	P=5 a	P=10 a	P=20 a	P=50 a	P=100 a
5	0.029	0.033	0.038	0.045	0.052	0.061	0.068
10	0.032	0.036	0.042	0.049	0.057	0.067	0.074
15	0.035	0.040	0.046	0.054	0.063	0.073	0.082
20	0.040	0.045	0.052	0.061	0.070	0.082	0.091
25	0.045	0.051	0.059	0.069	0.079	0.093	0.103
30	0.052	0.059	0.067	0.079	0.091	0.107	0.119
35	0.061	0.069	0.080	0.094	0.108	0.126	0.140
40	0.074	0.084	0.097	0.114	0.131	0.153	0.170
45	0.094	0.106	0.122	0.144	0.166	0.194	0.216
50	0.127	0.144	0.165	0.194	0.224	0.262	0.291
55	0.189	0.215	0.247	0.290	0.334	0.392	0.435
60	0.341	0.388	0.446	0.524	0.603	0.707	0.786
65	0.981	1.114	1.281	1.508	1.734	2.034	2.260
70	1.032	1.171	1.347	1.585	1.823	2.138	2.376
75	0.496	0.563	0.647	0.762	0.876	1.028	1.142
80	0.306	0.347	0.399	0.470	0.541	0.634	0.705
85	0.215	0.244	0.280	0.330	0.379	0.445	0.494
90	0.163	0.185	0.212	0.250	0.287	0.337	0.374
95	0.130	0.147	0.169	0.199	0.229	0.269	0.298
100	0.107	0.122	0.140	0.165	0.189	0.222	0.247
105	0.091	0.103	0.119	0.140	0.161	0.189	0.210
110	0.079	0.090	0.103	0.121	0.139	0.164	0.182
115	0.070	0.079	0.091	0.107	0.123	0.144	0.160
120	0.062	0.071	0.081	0.095	0.110	0.129	0.143
125	0.056	0.064	0.073	0.086	0.099	0.116	0.129
130	0.051	0.058	0.067	0.078	0.090	0.106	0.118
135	0.047	0.053	0.061	0.072	0.083	0.097	0.108
140	0.043	0.049	0.057	0.067	0.077	0.090	0.100
145	0.040	0.046	0.053	0.062	0.071	0.084	0.093
150	0.038	0.043	0.049	0.058	0.067	0.078	0.087
155	0.035	0.040	0.046	0.054	0.062	0.073	0.081
160	0.033	0.038	0.043	0.051	0.059	0.069	0.077
165	0.031	0.036	0.041	0.048	0.056	0.065	0.072
170	0.030	0.034	0.039	0.046	0.053	0.062	0.069
175	0.028	0.032	0.037	0.044	0.050	0.059	0.065
180	0.027	0.031	0.035	0.042	0.048	0.056	0.062

5.4.8 和林格尔县暴雨强度常用数据表（表 5-4-11～表 5-4-18）

表 5-4-11 和林格尔县暴雨强度常用数据表（$P=1$ a；t:min；q:L/(s·hm^2)）

t	q	t	q	t	q	t	q	t	q	t	q	t	q
1	255.858	27	65.494	53	41.933	79	31.872	105	26.128	131	22.357	157	19.665
2	222.457	28	65.986	54	41.404	80	31.595	106	25.955	132	22.237	158	19.576
3	197.841	29	62.558	55	40.890	81	31.323	107	25.784	133	22.118	159	19.489
4	178.844	30	61.204	56	40.391	82	31.057	108	25.616	134	22.001	160	19.402
5	165.676	31	59.917	57	39.906	83	30.796	109	25.451	135	21.886	161	19.316
6	151.245	32	58.692	58	39.435	84	30.541	110	25.288	136	21.772	162	19.232
7	140.845	33	57.526	59	38.977	85	30.290	111	25.127	137	21.659	163	19.148
8	131.997	34	57.513	60	38.531	86	30.044	112	24.969	138	21.548	164	19.065
9	124.365	35	55.350	61	38.097	87	29.803	113	24.814	139	21.438	165	18.982
10	117.704	36	54.333	62	37.675	88	29.566	114	24.660	140	21.330	166	18.901
11	111.832	37	55.359	63	37.264	89	29.334	115	24.509	141	21.223	167	18.820
12	106.612	38	52.426	64	36.863	90	29.106	116	24.360	142	21.117	168	18.741
13	101.935	39	51.531	65	37.572	91	28.883	117	24.213	143	21.012	169	18.662
14	97.719	40	50.671	66	36.091	92	28.663	118	24.068	144	20.908	170	18.584
15	95.894	41	49.845	67	35.719	93	28.447	119	25.926	145	20.806	171	18.506
16	90.407	42	49.050	68	35.356	94	28.235	120	25.785	146	20.705	172	18.429
17	87.212	43	48.284	69	35.002	95	28.027	121	25.646	147	20.605	173	18.354
18	84.273	44	47.546	70	34.656	96	27.822	122	25.509	148	20.506	174	18.278
19	81.559	45	46.835	71	34.318	97	27.621	123	25.374	149	20.408	175	18.204
20	79.044	46	46.148	72	35.988	98	27.424	124	25.241	150	20.312	176	18.130
21	76.706	47	45.485	73	35.666	99	27.229	125	25.109	151	20.216	177	18.057
22	74.525	48	44.843	74	35.350	100	27.038	126	22.980	152	20.122	178	17.985
23	72.487	49	44.223	75	35.042	101	26.850	127	22.852	153	20.028	179	17.913
24	70.576	50	45.623	76	32.740	102	26.665	128	22.726	154	19.936	180	17.843
25	68.780	51	45.042	77	32.444	103	27.583	129	22.601	155	19.845	181	17.772
26	67.089	52	42.479	78	32.155	104	26.304	130	22.478	156	19.754	182	17.703

表 5-4-12　和林格尔县暴雨强度常用数据表（$P=2$ a；t：min；q：L/(s·hm²)）

t	q	t	q	t	q	t	q	t	q	t	q	t	q
1	345.613	27	101.811	53	65.101	79	49.199	105	40.103	131	34.137	157	29.888
2	308.664	28	99.493	54	64.266	80	48.760	106	39.828	132	35.948	158	29.749
3	280.964	29	97.293	55	65.456	81	48.330	107	39.558	133	35.761	159	29.611
4	258.405	30	95.202	56	62.669	82	47.908	108	39.292	134	35.576	160	29.474
5	239.633	31	95.212	57	61.904	83	47.495	109	39.031	135	35.394	161	29.339
6	225.738	32	91.316	58	61.160	84	47.090	110	38.773	136	35.214	162	29.205
7	210.085	33	89.506	59	60.436	85	46.693	111	38.519	137	35.036	163	29.073
8	198.215	34	87.778	60	59.733	86	46.304	112	38.269	138	32.860	164	28.942
9	187.788	35	86.124	61	59.047	87	45.922	113	38.022	139	32.687	165	28.813
10	178.546	36	84.541	62	58.380	88	45.547	114	37.780	140	32.515	166	28.685
11	170.292	37	85.023	63	57.730	89	45.180	115	37.540	141	32.346	167	28.558
12	162.869	38	81.567	64	57.096	90	44.819	116	37.305	142	32.179	168	28.432
13	156.153	39	80.169	65	57.578	91	44.464	117	37.072	143	32.013	169	28.308
14	150.045	40	78.825	66	55.875	92	44.116	118	36.843	144	31.850	170	28.185
15	144.462	41	77.532	67	55.287	93	45.775	119	36.617	145	31.688	171	28.063
16	139.336	42	76.286	68	54.714	94	45.439	120	36.395	146	31.529	172	27.942
17	134.612	43	75.086	69	54.153	95	45.109	121	36.175	147	31.371	173	27.823
18	130.242	44	75.929	70	55.606	96	42.785	122	35.959	148	31.215	174	27.705
19	126.187	45	72.812	71	55.071	97	42.467	123	35.745	149	31.061	175	27.588
20	122.412	46	71.734	72	52.549	98	42.154	124	35.535	150	30.909	176	27.472
21	118.888	47	70.691	73	52.038	99	41.846	125	35.327	151	30.758	177	27.357
22	115.590	48	69.683	74	51.539	100	41.543	126	35.122	152	30.609	178	27.243
23	112.496	49	68.708	75	51.050	101	41.246	127	34.920	153	30.462	179	27.130
24	109.587	50	67.763	76	50.572	102	40.953	128	34.720	154	30.316	180	27.019
25	106.846	51	66.848	77	50.105	103	40.665	129	34.523	155	30.172	181	26.908
26	104.259	52	65.961	78	49.647	104	40.382	130	34.329	156	30.029	182	26.799

表 5-4-13 和林格尔县暴雨强度常用数据表（$P=3$ a；t：min；q：L/(s·hm²)）

t	q	t	q	t	q	t	q	t	q	t	q	t	q
1	395.379	27	120.815	53	77.239	79	58.278	105	47.425	131	40.309	157	35.243
2	355.848	28	118.074	54	76.245	80	57.754	106	47.098	132	40.083	158	35.077
3	325.625	29	115.471	55	75.279	81	57.241	107	46.775	133	39.860	159	34.913
4	300.705	30	112.997	56	74.341	82	56.738	108	47.558	134	39.640	160	34.750
5	279.763	31	110.640	57	75.429	83	56.246	109	46.146	135	39.422	161	34.589
6	261.888	32	108.394	58	72.543	84	55.763	110	45.838	136	39.207	162	34.430
7	247.532	33	106.249	59	71.681	85	55.289	111	45.535	137	38.995	163	34.272
8	232.918	34	104.199	60	70.842	86	54.824	112	45.237	138	38.786	164	34.116
9	220.991	35	102.237	61	70.025	87	54.369	113	44.943	139	38.579	165	35.962
10	210.377	36	100.358	62	69.229	88	55.921	114	44.653	140	38.375	166	35.809
11	200.863	37	98.557	63	68.454	89	55.483	115	44.368	141	38.173	167	35.658
12	192.281	38	96.828	64	67.698	90	55.052	116	44.087	142	37.973	168	35.509
13	184.495	39	95.166	65	66.961	91	52.629	117	45.810	143	37.776	169	35.360
14	177.396	40	95.569	66	66.243	92	52.214	118	45.536	144	37.582	170	35.214
15	170.893	41	92.032	67	65.541	93	51.806	119	45.267	145	37.389	171	35.069
16	164.912	42	90.552	68	64.857	94	51.406	120	45.002	146	37.199	172	32.925
17	159.390	43	89.125	69	64.189	95	51.012	121	42.740	147	37.011	173	32.783
18	154.275	44	87.748	70	65.536	96	50.626	122	42.482	148	36.825	174	32.642
19	149.520	45	87.520	71	62.898	97	50.246	123	42.227	149	36.641	175	32.502
20	145.089	46	85.136	72	62.275	98	49.872	124	41.976	150	37.559	176	32.364
21	140.947	47	85.896	73	61.666	99	49.505	125	41.728	151	36.280	177	32.227
22	137.067	48	82.696	74	61.070	100	49.144	126	41.483	152	36.102	178	32.092
23	135.424	49	81.534	75	60.487	101	48.789	127	41.242	153	35.927	179	31.958
24	129.995	50	80.410	76	59.917	102	48.439	128	41.004	154	35.753	180	31.825
25	126.761	51	79.320	77	59.359	103	48.096	129	40.769	155	35.581	181	31.693
26	125.706	52	78.264	78	58.813	104	47.758	130	40.538	156	35.411	182	31.563

表 5-4-14　和林格尔县暴雨强度常用数据表（$P=5$ a；t：min；q：L/(s·hm²)）

t	q	t	q	t	q	t	q	t	q	t	q	t	q
1	447.589	27	142.118	53	90.822	79	68.403	105	55.563	131	47.147	157	41.160
2	407.420	28	138.904	54	89.647	80	67.784	106	55.176	132	46.880	158	40.964
3	374.605	29	135.851	55	88.506	81	67.177	107	54.795	133	46.616	159	40.770
4	347.238	30	132.946	56	87.398	82	67.582	108	54.419	134	46.356	160	40.577
5	324.028	31	130.179	57	86.321	83	65.999	109	54.050	135	46.099	161	40.387
6	304.068	32	127.539	58	85.273	84	65.427	110	55.686	136	45.845	162	40.199
7	286.698	33	125.018	59	84.254	85	64.867	111	55.328	137	45.594	163	40.013
8	271.431	34	122.607	60	85.262	86	64.317	112	52.975	138	45.347	164	39.829
9	257.893	35	120.300	61	82.296	87	65.778	113	52.627	139	45.102	165	39.647
10	245.799	36	118.088	62	81.355	88	65.249	114	52.284	140	44.861	166	39.466
11	234.921	37	115.967	63	80.439	89	62.730	115	51.947	141	44.622	167	39.288
12	225.078	38	115.931	64	79.545	90	62.220	116	51.614	142	44.386	168	39.111
13	216.125	39	111.974	65	78.674	91	61.720	117	51.287	143	44.153	169	38.936
14	207.943	40	110.092	66	77.824	92	61.229	118	50.963	144	45.923	170	38.763
15	200.432	41	108.280	67	76.995	93	60.746	119	50.645	145	45.696	171	38.592
16	195.510	42	107.535	68	76.185	94	60.272	120	50.331	146	45.471	172	38.422
17	187.109	43	104.852	69	75.395	95	59.807	121	50.021	147	45.249	173	38.254
18	181.169	44	105.229	70	74.623	96	59.349	122	49.716	148	45.029	174	38.088
19	175.642	45	101.661	71	75.869	97	58.900	123	49.415	149	42.812	175	37.923
20	170.483	46	100.147	72	75.131	98	58.458	124	49.118	150	42.597	176	37.760
21	165.656	47	98.682	73	72.411	99	58.024	125	48.825	151	42.385	177	37.598
22	161.129	48	97.266	74	71.706	100	57.596	126	48.536	152	42.175	178	37.438
23	156.873	49	95.895	75	71.017	101	57.176	127	48.250	153	41.968	179	37.280
24	152.865	50	94.567	76	70.342	102	56.763	128	47.969	154	41.762	180	37.123
25	149.082	51	95.280	77	69.682	103	56.357	129	47.691	155	41.559	181	36.968
26	145.505	52	92.033	78	69.036	104	55.957	130	47.417	156	41.359	182	36.814

表 5-4-15　和林格尔县暴雨强度常用数据表（$P=10$ a；t:min；q:L/(s·hm²)）

t	q	t	q	t	q	t	q	t	q	t	q	t	q
1	517.694	27	169.511	53	108.418	79	81.583	105	66.195	131	56.107	157	48.933
2	475.700	28	165.700	54	107.013	80	80.841	106	65.731	132	55.787	158	48.698
3	437.333	29	162.076	55	105.649	81	80.114	107	65.274	133	55.471	159	48.465
4	406.716	30	158.627	56	104.323	82	79.401	108	64.824	134	55.159	160	48.235
5	380.548	31	155.340	57	105.034	83	78.702	109	64.381	135	54.851	161	48.007
6	357.896	32	152.202	58	101.781	84	78.017	110	65.945	136	54.547	162	47.782
7	338.077	33	149.204	59	100.562	85	77.346	111	65.516	137	54.246	163	47.559
8	320.575	34	146.336	60	99.375	86	76.687	112	65.093	138	55.950	164	47.338
9	304.994	35	145.589	61	98.219	87	76.041	113	62.676	139	55.657	165	47.120
10	291.024	36	140.956	62	97.093	88	75.407	114	62.265	140	55.367	166	46.904
11	278.420	37	138.430	63	95.996	89	74.785	115	61.861	141	55.081	167	46.690
12	266.985	38	136.004	64	94.927	90	74.174	116	61.462	142	52.799	168	47.578
13	257.559	39	135.671	65	95.884	91	75.575	117	61.069	143	52.520	169	46.269
14	247.008	40	131.427	66	92.866	92	72.986	118	60.682	144	52.244	170	46.061
15	238.225	41	129.267	67	91.873	93	72.408	119	60.300	145	51.971	171	45.856
16	230.117	42	127.185	68	90.904	94	71.840	120	59.924	146	51.702	172	45.653
17	222.606	43	125.177	69	89.958	95	71.282	121	59.553	147	51.435	173	45.452
18	215.627	44	125.239	70	89.033	96	70.734	122	59.187	148	51.172	174	45.252
19	209.123	45	121.368	71	88.130	97	70.195	123	58.826	149	50.912	175	45.055
20	205.046	46	119.559	72	87.247	98	69.665	124	58.470	150	50.655	176	44.860
21	197.353	47	117.811	73	86.384	99	69.144	125	58.118	151	50.401	177	44.666
22	192.009	48	116.119	74	85.540	100	68.632	126	57.772	152	50.149	178	44.475
23	186.981	49	114.481	75	84.714	101	68.129	127	57.430	153	49.900	179	44.285
24	182.240	50	112.894	76	85.906	102	67.634	128	57.093	154	49.655	180	44.097
25	177.763	51	111.356	77	85.115	103	67.146	129	56.760	155	49.411	181	45.911
26	175.526	52	109.865	78	82.341	104	66.667	130	57.531	156	49.171	182	45.727

表 5-4-16 和林格尔县暴雨强度常用数据表($P=20$ a; t:min; q:L/(s·hm²))

t	q	t	q	t	q	t	q	t	q	t	q	t	q
1	588.299	27	197.000	53	126.041	79	94.756	105	76.802	131	65.032	157	56.664
2	540.322	28	192.587	54	124.405	80	95.890	106	76.260	132	64.658	158	56.389
3	500.321	29	188.390	55	122.815	81	95.042	107	75.727	133	64.289	159	56.118
4	467.508	30	184.394	56	121.271	82	92.210	108	75.202	134	65.926	160	55.849
5	437.256	31	180.582	57	119.769	83	91.395	109	74.685	135	65.566	161	55.584
6	411.899	32	176.943	58	118.308	84	90.596	110	74.177	136	65.211	162	55.321
7	389.623	33	175.465	59	116.887	85	89.813	111	75.675	137	62.861	163	55.061
8	369.880	34	170.136	60	115.504	86	89.044	112	75.182	138	62.515	164	54.804
9	352.251	35	166.948	61	114.157	87	88.290	113	72.696	139	62.173	165	54.549
10	337.503	36	165.891	62	112.844	88	87.551	114	72.216	140	61.835	166	54.297
11	322.070	37	160.956	63	111.565	89	86.825	115	71.744	141	61.502	167	54.048
12	309.040	38	158.137	64	110.318	90	86.112	116	71.279	142	61.172	168	55.801
13	297.137	39	155.427	65	109.102	91	85.413	117	70.821	143	60.847	169	55.557
14	286.216	40	152.818	66	107.916	92	84.726	118	70.369	144	60.525	170	55.315
15	276.157	41	150.306	67	106.758	93	84.051	119	69.923	145	60.207	171	55.076
16	266.859	42	147.885	68	105.628	94	85.389	120	69.484	146	59.893	172	52.839
17	258.235	43	145.550	69	104.524	95	82.737	121	69.051	147	59.582	173	52.604
18	250.212	44	145.295	70	105.446	96	82.098	122	68.624	148	59.275	174	52.372
19	242.729	45	141.118	71	102.393	97	81.469	123	68.203	149	58.972	175	52.142
20	235.730	46	139.014	72	101.363	98	80.851	124	67.788	150	58.672	176	51.914
21	229.168	47	136.979	73	100.356	99	80.243	125	67.378	151	58.375	177	51.688
22	225.003	48	135.009	74	99.372	100	79.646	126	66.974	152	58.082	178	51.465
23	217.198	49	135.102	75	98.409	101	79.058	127	67.575	153	57.792	179	51.244
24	211.722	50	131.255	76	97.466	102	78.480	128	66.181	154	57.505	180	51.025
25	207.546	51	129.464	77	97.544	103	77.912	129	65.793	155	57.221	181	50.808
26	201.646	52	127.727	78	95.641	104	77.352	130	65.410	156	56.941	182	50.593

表 5-4-17　和林格尔县暴雨强度常用数据表（$P=50$ a;t:min;q:L/(s·hm^2)）

t	q	t	q	t	q	t	q	t	q	t	q
1	681.900	27	231.764	53	148.298	79	111.406	105	90.223	131	76.336
2	627.819	28	227.585	54	146.369	80	110.384	106	89.584	132	75.896
3	582.474	29	221.658	55	144.496	81	109.383	107	88.955	133	75.461
4	545.852	30	216.964	56	142.675	82	108.402	108	88.335	134	75.032
5	510.524	31	212.486	57	140.905	83	107.441	109	87.726	135	74.608
6	481.441	32	208.210	58	139.183	84	107.598	110	87.125	136	74.189
7	455.820	33	204.122	59	137.508	85	105.574	111	87.534	137	75.776
8	435.059	34	200.209	60	135.877	86	104.667	112	85.952	138	75.368
9	412.693	35	197.560	61	134.288	87	105.777	113	85.378	139	72.965
10	394.350	36	192.865	62	132.741	88	102.905	114	84.813	140	72.566
11	377.736	37	189.413	63	131.232	89	102.048	115	84.256	141	72.173
12	362.609	38	186.097	64	129.762	90	101.208	116	85.707	142	71.784
13	348.773	39	182.907	65	128.328	91	100.382	117	85.166	143	71.400
14	336.065	40	179.837	66	126.929	92	99.572	118	82.633	144	71.021
15	324.347	41	176.880	67	125.563	93	98.776	119	82.107	145	70.645
16	315.505	42	174.030	68	124.230	94	97.994	120	81.589	146	70.275
17	305.442	43	171.280	69	122.929	95	97.226	121	81.078	147	69.909
18	294.073	44	168.626	70	121.657	96	97.571	122	80.575	148	69.546
19	285.327	45	166.062	71	120.414	97	95.729	123	80.078	149	69.189
20	277.142	46	165.583	72	119.200	98	95.000	124	79.588	150	68.835
21	269.465	47	161.186	73	118.012	99	94.283	125	79.104	151	68.485
22	262.247	48	158.866	74	116.851	100	95.578	126	78.628	152	68.139
23	255.447	49	156.619	75	115.715	101	92.885	127	78.157	153	67.797
24	249.03	50	154.442	76	114.603	102	92.203	128	77.693	154	67.459
25	242.962	51	152.332	77	115.515	103	91.532	129	77.235	155	67.125
26	237.215	52	150.285	78	112.449	104	90.872	130	76.783	156	66.794

t	q
157	67.567
158	66.143
159	65.823
160	65.507
161	65.193
162	64.884
163	64.577
164	64.274
165	65.973
166	65.676
167	65.382
168	65.091
169	62.803
170	62.518
171	62.236
172	61.957
173	61.680
174	61.406
175	61.135
176	60.866
177	60.601
178	60.337
179	60.076
180	59.818
181	59.562
182	59.309

表 5-4-18　和林格尔县暴雨强度常用数据表($P=100$ a;t:min;q:L/(s·hm²))

t	q	t	q	t	q	t	q	t	q	t	q	t	q
1	747.759	27	256.365	53	164.030	79	125.157	105	99.683	131	84.295	157	75.361
2	689.437	28	250.643	54	161.894	80	122.025	106	98.974	132	85.807	158	75.003
3	640.372	29	245.198	55	159.819	81	120.916	107	98.277	133	85.326	159	72.649
4	598.468	30	240.011	56	157.802	82	119.828	108	97.591	134	82.850	160	72.298
5	562.224	31	235.061	57	155.841	83	118.763	109	96.915	135	82.380	161	71.951
6	530.536	32	230.334	58	155.934	84	117.718	110	96.250	136	81.917	162	71.608
7	502.572	33	225.814	59	152.077	85	116.694	111	95.595	137	81.459	163	71.268
8	477.696	34	221.486	60	150.271	86	115.689	112	94.949	138	81.006	164	70.932
9	455.408	35	217.340	61	148.511	87	114.704	113	94.314	139	80.560	165	70.600
10	435.313	36	215.362	62	146.796	88	115.736	114	95.687	140	80.118	166	70.271
11	417.093	37	209.544	63	145.126	89	112.787	115	95.070	141	79.682	167	69.945
12	400.491	38	205.874	64	145.496	90	111.856	116	92.462	142	79.252	168	69.623
13	385.294	39	202.345	65	141.908	91	110.941	117	91.863	143	78.826	169	69.304
14	371.326	40	198.948	66	140.357	92	110.043	118	91.272	144	78.406	170	68.988
15	358.439	41	195.676	67	138.845	93	109.161	119	90.690	145	77.990	171	68.675
16	347.508	42	192.521	68	137.368	94	108.294	120	90.116	146	77.580	172	68.366
17	335.428	43	189.477	69	135.925	95	107.443	121	89.550	147	77.174	173	68.059
18	325.108	44	187.539	70	134.516	96	106.607	122	88.991	148	76.773	174	67.756
19	315.471	45	185.700	71	135.139	97	105.785	123	88.441	149	76.376	175	67.456
20	307.548	46	180.956	72	131.793	98	104.976	124	87.898	150	75.985	176	67.158
21	297.981	47	178.302	73	130.478	99	104.182	125	87.362	151	75.597	177	66.864
22	290.019	48	175.733	74	129.191	100	105.401	126	86.834	152	75.214	178	67.572
23	282.516	49	175.245	75	127.932	101	102.633	127	86.313	153	74.835	179	66.284
24	275.432	50	170.834	76	126.700	102	101.877	128	85.798	154	74.461	180	65.998
25	268.733	51	168.497	77	125.494	103	101.134	129	85.291	155	74.090	181	65.714
26	262.387	52	166.230	78	124.313	104	100.402	130	84.790	156	75.724	182	65.434

5.5　清水河县暴雨强度公式

本节选择1989—2018年清水河县降雨资料统计样本,采用暴雨强度公式计算系统,运用耿贝尔分布曲线进行样本序列拟合、最小二乘法推算出清水河县短历时暴雨强度公式。

5.5.1 清水河县降雨强度、重现期和历时的关系

通过耿贝尔分布曲线对1989—2018年降雨资料统计的样本进行频率调整,得出清水河县暴雨强度、重现期与历时(i-P-t)的关系见表5-5-1。

表 5-5-1 清水河县(i-P-t)关系表　　　　　单位:mm/min

P(a)	i(min)										
	5	10	15	20	30	45	60	90	120	150	180
100	15.885	25.049	32.269	38.557	42.515	48.600	51.392	55.687	59.169	61.817	65.937
50	14.410	22.622	29.033	32.909	38.326	45.802	48.428	50.426	55.710	58.265	59.983
30	15.315	20.823	28.634	32.204	35.220	40.245	42.748	48.526	49.664	52.149	55.570
20	12.440	19.384	24.715	28.040	32.735	37.399	39.804	45.405	48.426	48.856	52.039
10	10.909	18.882	21.378	24.279	28.416	32.453	34.687	37.982	40.799	45.132	45.901
5	9.333	14.274	17.900	20.357	25.914	27.296	29.351	32.328	34.932	37.165	39.502
3	8.071	12.198	15.132	17.237	20.330	25.192	25.106	27.828	30.263	32.416	34.410
2	8.937	10.355	12.647	14.435	17.113	19.507	21.293	25.788	28.071	28.152	29.837
1	4.930	7.034	8.245	9.472	11.415	12.981	14.541	18.632	18.646	20.600	21.739

5.5.2 清水河县单一重现期暴雨强度公式

采用耿贝尔分布曲线对清水河县的1989—2018年统计样本进行拟合,使用最小二乘法逐个推算出清水河县单一重现期暴雨强度公式见表5-5-2。

表 5-5-2 清水河县单一重现期暴雨强度公式

重现期(a)	公式
1	$1085.830/(t+5.885)\textasciitilde 0.780$
2	$2180.519/(t+9.152)\textasciitilde 0.825$
3	$2797.751/(t+10.186)\textasciitilde 0.840$
5	$3561.275/(t+11.277)\textasciitilde 0.855$
10	$4588.492/(t+12.493)\textasciitilde 0.871$
20	$5665.642/(t+15.476)\textasciitilde 0.883$
30	$6295.562/(t+15.870)\textasciitilde 0.888$
40	$6738.617/(t+14.121)\textasciitilde 0.891$
50	$7085.472/(t+14.305)\textasciitilde 0.894$
60	$7365.201/(t+14.451)\textasciitilde 0.896$
70	$7605.176/(t+14.571)\textasciitilde 0.898$
80	$7809.421/(t+14.674)\textasciitilde 0.899$
90	$7991.284/(t+14.764)\textasciitilde 0.900$
100	$8155.942/(t+14.843)\textasciitilde 0.901$

注:"~"符号表示指数运算

5.5.3 清水河县区间暴雨强度公式

采用耿贝尔分布曲线对清水河县的1989—2018年统计样本进行拟合,使用最小二乘法推算出重现期2~10 a和10~100 a清水河县的区间暴雨强度公式见表5-5-3。

表5-5-3 清水河县区间暴雨强度公式

重现期(a)	区间	参数	公式
2~10	Ⅱ	n	$0.822+0.023\ln(t-0.836)$
		b	$8.899+1.667\ln(t-0.836)$
		A	$7.560+8.679\ln(t-0.116)$
10~100	Ⅲ	n	$0.856+0.010\ln(t-5.632)$
		b	$11.664+0.701\ln(t-6.737)$
		A	$6.316+9.233\ln(t-0.107)$

5.5.4 清水河县暴雨强度总公式

运用暴雨强度计算系统,采用耿贝尔分布曲线对清水河县的1989—2018年统计样本进行拟合,使用误差最小的最小二乘法推算暴雨强度公式的各系数,得出清水河县暴雨强度总公式(公式5-5-1)。

$$q=\frac{1801.554\times(1+0.984\lg P)}{(t+9.709)^{\wedge}850} \tag{5-5-1}$$

5.5.5 清水河县暴雨强度公式精度检验

单一重现期暴雨强度公式(2~20 a)平均绝对方差(X_m)为0.010 mm/min,平均相对均方误差(U_m)为1.59%;

暴雨强度总公式(2~20 a)平均绝对方差(X_m)为0.015mm/min,平均相对方差(U_m)为2.27%。

清水河县单一重现期暴雨强度公式与暴雨强度总公式均符合《室外排水设计规范》(GB 50014—2006,2016版)的精度要求($X_m \leqslant 0.05$ mm/min,$U_m \leqslant 5\%$)。

5.5.6 清水河县综合雨峰位置系数

按照《室外排水设计规范》(GB 50014—2006,2016版)和《城市暴雨强度公式编制和设计暴雨雨型确定技术导则》的要求,运用暴雨雨型分析系统,计算出清水河县短历时雨峰位置系数,见表5-5-4。

表5-5-4中,清水河县各历时暴雨的雨峰位置系数为0.302~0.457,综合雨峰系数为0.362,雨峰出现在降雨过程中部偏前位置。

表 5-5-4 清水河县综合雨峰位置系数

历时(min)	30	60	90	120	150	180	综合系数
降雨场次(次)	121	123	126	124	116	105	715
雨峰位置系数	0.457	0.362	0.302	0.326	0.361	0.373	0.362
雨峰时间位置(min)	15.7	21.7	27.2	39.1	54.2	67.1	

5.5.7 清水河县暴雨强度与重现期关系表(表 5-5-5～表 5-5-10)

表 5-5-5　清水河县 30 min 历时暴雨强度与重现期 P 关系表　　单位:mm/min

历时(min)	$P=2$ a	$P=3$ a	$P=5$ a	$P=10$ a	$P=20$ a	$P=50$ a	$P=100$ a
5	0.423	0.480	0.551	0.648	0.745	0.873	0.969
10	0.843	0.956	1.098	1.291	1.484	1.739	1.931
15	1.452	1.646	1.890	2.222	2.553	2.992	5.324
20	0.654	0.741	0.852	1.001	1.150	1.348	1.497
25	0.389	0.441	0.506	0.595	0.684	0.802	0.891
30	0.266	0.301	0.346	0.407	0.468	0.548	0.609

表 5-5-6　清水河县 60 min 历时暴雨强度与重现期 P 关系表　　单位:mm/min

历时(min)	$P=2$ a	$P=3$ a	$P=5$ a	$P=10$ a	$P=20$ a	$P=50$ a	$P=100$ a
5	0.164	0.186	0.213	0.251	0.288	0.338	0.375
10	0.245	0.277	0.319	0.375	0.430	0.504	0.560
15	0.434	0.492	0.565	0.664	0.764	0.895	0.994
20	1.133	1.285	1.476	1.735	1.994	2.336	2.595
25	1.092	1.238	1.422	1.671	1.921	2.251	2.500
30	0.597	0.677	0.777	0.914	1.050	1.230	1.367
35	0.389	0.440	0.506	0.595	0.683	0.801	0.890
40	0.279	0.317	0.364	0.428	0.492	0.576	0.640
45	0.214	0.243	0.279	0.328	0.377	0.442	0.491
50	0.172	0.195	0.224	0.263	0.302	0.354	0.393
55	0.142	0.161	0.185	0.218	0.250	0.293	0.326
60	0.121	0.137	0.157	0.185	0.213	0.249	0.277

表 5-5-7　清水河县 90 min 历时暴雨强度与重现期 P 关系表　　单位:mm/min

历时(min)	$P=2$ a	$P=3$ a	$P=5$ a	$P=10$ a	$P=20$ a	$P=50$ a	$P=100$ a
5	0.095	0.108	0.124	0.146	0.168	0.196	0.218
10	0.129	0.146	0.167	0.197	0.226	0.265	0.294
15	0.191	0.217	0.249	0.293	0.337	0.394	0.438
20	0.340	0.385	0.443	0.520	0.598	0.701	0.778
25	0.908	1.029	1.182	1.390	1.597	1.871	2.079

续表

历时(min)	$P=2$ a	$P=3$ a	$P=5$ a	$P=10$ a	$P=20$ a	$P=50$ a	$P=100$ a
30	1.216	1.378	1.583	1.861	2.138	2.506	2.783
35	0.671	0.761	0.874	1.027	1.181	1.383	1.537
40	0.439	0.497	0.571	0.671	0.771	0.904	1.004
45	0.316	0.358	0.411	0.483	0.555	0.651	0.723
50	0.242	0.274	0.315	0.371	0.426	0.499	0.554
55	0.194	0.220	0.253	0.297	0.341	0.400	0.444
60	0.161	0.182	0.209	0.246	0.282	0.331	0.368
65	0.136	0.154	0.177	0.208	0.239	0.281	0.312
70	0.118	0.133	0.153	0.180	0.207	0.243	0.270
75	0.103	0.117	0.135	0.158	0.182	0.213	0.237
80	0.092	0.104	0.120	0.141	0.162	0.190	0.211
85	0.083	0.094	0.108	0.127	0.145	0.170	0.189
90	0.075	0.085	0.098	0.115	0.132	0.155	0.172

表 5-5-8 清水河县 120 min 历时暴雨强度与重现期 P 关系表 单位：mm/min

历时(min)	$P=2$ a	$P=3$ a	$P=5$ a	$P=10$ a	$P=20$ a	$P=50$ a	$P=100$ a
5	0.063	0.071	0.082	0.096	0.111	0.130	0.144
10	0.076	0.086	0.099	0.116	0.133	0.156	0.173
15	0.094	0.107	0.123	0.145	0.166	0.195	0.216
20	0.124	0.141	0.162	0.190	0.218	0.256	0.284
25	0.176	0.200	0.230	0.270	0.310	0.364	0.404
30	0.287	0.325	0.373	0.439	0.504	0.591	0.656
35	0.610	0.692	0.794	0.934	1.073	1.257	1.397
40	1.645	1.865	2.142	2.518	2.894	5.391	5.767
45	0.804	0.912	1.047	1.231	1.415	1.658	1.842
50	0.494	0.560	0.643	0.756	0.869	1.019	1.132
55	0.343	0.389	0.447	0.525	0.603	0.707	0.785
60	0.257	0.291	0.334	0.393	0.452	0.529	0.588
65	0.202	0.229	0.263	0.310	0.356	0.417	0.463
70	0.165	0.187	0.215	0.253	0.291	0.341	0.379
75	0.139	0.158	0.181	0.213	0.244	0.286	0.318
80	0.119	0.135	0.155	0.183	0.210	0.246	0.273
85	0.104	0.118	0.136	0.159	0.183	0.215	0.239
90	0.092	0.105	0.120	0.141	0.162	0.190	0.211
95	0.083	0.094	0.108	0.126	0.145	0.170	0.189
100	0.075	0.085	0.097	0.114	0.131	0.154	0.171
105	0.068	0.077	0.089	0.104	0.120	0.140	0.156
110	0.063	0.071	0.081	0.096	0.110	0.129	0.143

续表

历时(min)	P=2 a	P=3 a	P=5 a	P=10 a	P=20 a	P=50 a	P=100 a
115	0.058	0.066	0.075	0.088	0.102	0.119	0.132
120	0.054	0.061	0.070	0.082	0.094	0.111	0.123

表 5-5-9 清水河县 150 min 历时暴雨强度与重现期 P 关系表   单位:mm/min

历时(min)	P=2 a	P=3 a	P=5 a	P=10 a	P=20 a	P=50 a	P=100 a
5	0.046	0.053	0.060	0.071	0.082	0.096	0.106
10	0.053	0.060	0.068	0.080	0.092	0.108	0.120
15	0.060	0.068	0.079	0.092	0.106	0.124	0.138
20	0.071	0.080	0.092	0.108	0.125	0.146	0.162
25	0.085	0.097	0.111	0.130	0.150	0.176	0.195
30	0.106	0.121	0.138	0.163	0.187	0.219	0.243
35	0.140	0.158	0.182	0.214	0.245	0.288	0.320
40	0.198	0.224	0.257	0.303	0.348	0.407	0.453
45	0.318	0.361	0.414	0.487	0.560	0.656	0.728
50	0.658	0.746	0.857	1.007	1.157	1.356	1.506
55	1.640	1.860	2.136	2.511	2.886	5.381	5.756
60	0.778	0.882	1.013	1.191	1.369	1.604	1.782
65	0.472	0.535	0.614	0.722	0.830	0.973	1.081
70	0.325	0.369	0.424	0.498	0.572	0.671	0.745
75	0.243	0.275	0.316	0.371	0.427	0.500	0.556
80	0.191	0.216	0.248	0.292	0.336	0.393	0.437
85	0.156	0.176	0.203	0.238	0.274	0.321	0.356
90	0.131	0.148	0.170	0.200	0.230	0.269	0.299
95	0.112	0.127	0.146	0.172	0.197	0.231	0.257
100	0.098	0.111	0.127	0.150	0.172	0.202	0.224
105	0.087	0.098	0.113	0.133	0.153	0.179	0.199
110	0.078	0.088	0.101	0.119	0.137	0.160	0.178
115	0.070	0.080	0.091	0.108	0.124	0.145	0.161
120	0.064	0.073	0.083	0.098	0.113	0.132	0.147
125	0.059	0.067	0.077	0.090	0.103	0.121	0.135
130	0.054	0.062	0.071	0.083	0.096	0.112	0.124
135	0.051	0.057	0.066	0.077	0.089	0.104	0.116
140	0.047	0.053	0.061	0.072	0.083	0.097	0.108
145	0.044	0.050	0.058	0.068	0.078	0.091	0.101
150	0.042	0.047	0.054	0.064	0.073	0.086	0.095

表 5-5-10　清水河县 180 min 历时暴雨强度与重现期 P 关系表　　　单位：mm/min

历时(min)	P=2 a	P=3 a	P=5 a	P=10 a	P=20 a	P=50 a	P=100 a
5	0.037	0.042	0.048	0.057	0.065	0.076	0.085
10	0.041	0.046	0.053	0.062	0.071	0.084	0.093
15	0.045	0.051	0.059	0.069	0.079	0.093	0.103
20	0.051	0.057	0.066	0.077	0.089	0.104	0.116
25	0.058	0.065	0.075	0.088	0.101	0.119	0.132
30	0.067	0.076	0.087	0.102	0.117	0.137	0.153
35	0.079	0.090	0.103	0.121	0.139	0.163	0.181
40	0.096	0.109	0.125	0.147	0.169	0.199	0.221
45	0.122	0.139	0.159	0.187	0.215	0.252	0.280
50	0.165	0.187	0.215	0.252	0.290	0.340	0.377
55	0.243	0.276	0.317	0.372	0.428	0.501	0.557
60	0.422	0.478	0.549	0.645	0.742	0.869	0.965
65	1.033	1.171	1.345	1.582	1.818	2.130	2.366
70	1.154	1.309	1.503	1.767	2.031	2.379	2.643
75	0.614	0.696	0.800	0.940	1.080	1.266	1.406
80	0.394	0.447	0.513	0.603	0.693	0.813	0.903
85	0.281	0.319	0.366	0.43	0.495	0.580	0.644
90	0.214	0.243	0.279	0.328	0.377	0.442	0.491
95	0.171	0.194	0.223	0.262	0.301	0.353	0.392
100	0.142	0.160	0.184	0.217	0.249	0.292	0.324
105	0.120	0.136	0.156	0.184	0.211	0.247	0.275
110	0.104	0.118	0.135	0.159	0.182	0.214	0.237
115	0.091	0.103	0.119	0.139	0.160	0.188	0.208
120	0.081	0.092	0.105	0.124	0.143	0.167	0.185
125	0.073	0.083	0.095	0.112	0.128	0.150	0.167
130	0.066	0.075	0.086	0.101	0.116	0.136	0.151
135	0.061	0.069	0.079	0.093	0.106	0.125	0.139
140	0.056	0.063	0.073	0.085	0.098	0.115	0.128
145	0.052	0.059	0.067	0.079	0.091	0.106	0.118
150	0.048	0.054	0.063	0.074	0.085	0.099	0.110
155	0.045	0.051	0.059	0.069	0.079	0.093	0.103
160	0.042	0.048	0.055	0.065	0.074	0.087	0.097
165	0.040	0.045	0.052	0.061	0.070	0.082	0.091
170	0.038	0.043	0.049	0.058	0.066	0.078	0.086
175	0.036	0.040	0.046	0.055	0.063	0.074	0.082
180	0.034	0.038	0.044	0.052	0.060	0.070	0.078

5.5.8 清水河县暴雨强度常用数据表(表 5-5-11~表 5-5-18)

表 5-5-11 清水河县暴雨强度常用数据表($P=1$ a;t:min;q:L/(s·hm²))

t	q	t	q	t	q	t	q	t	q	t	q	t	q
1	240.656	27	71.073	53	45.119	79	35.921	105	27.540	131	25.367	157	20.403
2	216.499	28	69.431	54	44.530	80	35.613	106	27.348	132	25.235	158	20.306
3	197.246	29	67.874	55	45.959	81	35.311	107	27.158	133	25.104	159	20.210
4	181.501	30	66.394	56	45.403	82	35.015	108	26.972	134	22.975	160	20.115
5	168.358	31	64.986	57	42.864	83	32.725	109	26.789	135	22.848	161	20.021
6	157.203	32	65.644	58	42.340	84	32.440	110	26.608	136	22.722	162	19.927
7	147.603	33	62.364	59	41.830	85	32.162	111	26.431	137	22.598	163	19.835
8	139.244	34	61.141	60	41.334	86	31.888	112	26.256	138	22.475	164	19.744
9	131.892	35	59.971	61	40.851	87	31.620	113	26.083	139	22.354	165	19.654
10	125.369	36	58.651	62	40.381	88	31.357	114	25.913	140	22.235	166	19.565
11	119.539	37	57.778	63	39.923	89	31.099	115	25.746	141	22.117	167	19.476
12	114.293	38	56.749	64	39.477	90	30.846	116	25.581	142	22.000	168	19.389
13	109.544	39	55.760	65	39.042	91	30.597	117	25.419	143	21.885	169	19.303
14	105.223	40	54.810	66	38.617	92	30.353	118	25.258	144	21.771	170	19.217
15	101.272	41	55.896	67	38.204	93	30.113	119	25.101	145	21.658	171	19.132
16	97.644	42	55.016	68	37.800	94	29.878	120	24.945	146	21.547	172	19.048
17	94.300	43	52.168	69	37.405	95	29.647	121	24.791	147	21.437	173	18.965
18	91.206	44	51.350	70	37.020	96	29.419	122	24.640	148	21.328	174	18.683
19	88.334	45	50.562	71	36.644	97	29.196	123	24.491	149	21.220	175	18.601
20	85.661	46	49.800	72	36.277	98	28.977	124	24.344	150	21.114	176	18.721
21	85.166	47	49.064	73	35.917	99	28.761	125	24.198	151	21.009	177	18.641
22	80.830	48	48.352	74	35.566	100	28.549	126	24.055	152	20.905	178	18.562
23	78.639	49	47.664	75	35.223	101	28.340	127	25.914	153	20.803	179	18.583
24	76.579	50	46.997	76	34.887	102	28.135	128	25.774	154	20.701	180	18.506
25	74.638	51	46.351	77	34.558	103	27.934	129	25.637	155	20.601	181	18.329
26	72.805	52	45.726	78	34.236	104	27.735	130	25.501	156	20.501	182	18.253

表 5-5-12　清水河县暴雨强度常用数据表（$P=2$ a；t：min；q：L/(s·hm²)）

t	q	t	q	t	q	t	q	t	q	t	q	t	q
1	322.222	27	115.006	53	72.270	79	54.168	105	45.766	131	36.950	157	32.110
2	298.191	28	110.490	54	71.325	80	55.666	106	45.452	132	36.734	158	31.952
3	277.796	29	108.096	55	70.406	81	55.175	107	45.143	133	36.521	159	31.795
4	260.251	30	105.813	56	69.514	82	52.693	108	42.839	134	36.310	160	31.640
5	244.983	31	105.634	57	68.645	83	52.221	109	42.540	135	36.102	161	31.486
6	231.565	32	101.552	58	67.801	84	51.758	110	42.245	136	35.897	162	31.334
7	219.671	33	99.560	59	66.979	85	51.304	111	41.955	137	35.694	163	31.184
8	209.050	34	97.653	60	66.179	86	50.859	112	41.669	138	35.494	164	31.035
9	199.502	35	95.824	61	65.400	87	50.422	113	41.387	139	35.296	165	30.888
10	190.868	36	94.070	62	64.641	88	49.993	114	41.110	140	35.101	166	30.743
11	185.020	37	92.385	63	65.901	89	49.573	115	40.836	141	34.908	167	30.599
12	175.851	38	90.766	64	65.179	90	49.160	116	40.567	142	34.717	168	30.456
13	169.276	39	89.208	65	62.475	91	48.755	117	40.302	143	34.529	169	30.315
14	165.220	40	87.708	66	61.789	92	48.357	118	40.040	144	34.343	170	30.175
15	157.624	41	86.263	67	61.119	93	47.966	119	39.782	145	34.159	171	30.037
16	152.436	42	84.869	68	60.464	94	47.582	120	39.528	146	35.977	172	29.900
17	147.611	43	85.524	69	59.825	95	47.205	121	39.277	147	35.797	173	29.765
18	145.111	44	82.225	70	59.201	96	46.834	122	39.030	148	35.620	174	29.631
19	138.904	45	80.971	71	58.591	97	46.470	123	38.786	149	35.444	175	29.498
20	134.961	46	79.758	72	57.995	98	46.112	124	38.545	150	35.271	176	29.366
21	131.257	47	78.584	73	57.412	99	45.760	125	38.308	151	35.099	177	29.236
22	127.771	48	77.448	74	56.841	100	45.413	126	38.074	152	32.930	178	29.107
23	124.484	49	76.347	75	56.284	101	45.073	127	37.843	153	32.762	179	28.979
24	121.378	50	75.281	76	55.738	102	44.738	128	37.616	154	32.597	180	28.653
25	118.538	51	74.247	77	55.203	103	44.409	129	37.391	155	32.433	181	28.728
26	115.651	52	75.244	78	54.680	104	44.085	130	37.169	156	32.271	182	28.604

表 5-5-13　清水河县暴雨强度常用数据表（$P=3$ a；t:min；q:L/(s·hm^2)）

t	q	t	q	t	q	t	q	t	q	t	q	t	q
1	368.063	27	134.181	53	85.958	79	64.352	105	51.908	131	45.751	157	37.960
2	342.520	28	131.223	54	84.832	80	65.752	106	51.532	132	45.492	158	37.770
3	320.564	29	128.504	55	85.737	81	65.164	107	51.163	133	45.237	159	37.582
4	301.472	30	125.715	56	82.673	82	62.588	108	50.799	134	42.985	160	37.397
5	284.706	31	125.146	57	81.638	83	62.023	109	50.441	135	42.736	161	37.213
6	269.856	32	120.689	58	80.632	84	61.470	110	50.088	136	42.490	162	37.031
7	256.603	33	118.337	59	79.651	85	60.927	111	49.740	137	42.248	163	36.852
8	244.698	34	116.083	60	78.697	86	60.394	112	49.398	138	42.008	164	36.674
9	235.939	35	115.922	61	77.767	87	59.872	113	49.061	139	41.771	165	36.498
10	224.164	36	111.846	62	76.861	88	59.359	114	48.729	140	41.537	166	36.324
11	215.242	37	109.852	63	75.978	89	58.656	115	48.502	141	41.307	167	36.152
12	207.063	38	107.933	64	75.117	90	58.362	116	48.079	142	41.078	168	35.981
13	199.535	39	106.087	65	74.277	91	57.877	117	47.762	143	40.853	169	35.812
14	192.582	40	104.308	66	75.457	92	57.401	118	47.449	144	40.630	170	35.645
15	186.138	41	102.594	67	72.657	93	56.933	119	47.140	145	40.410	171	35.480
16	180.149	42	100.940	68	71.875	94	56.474	120	46.835	146	40.193	172	35.316
17	174.566	43	99.343	69	71.112	95	56.023	121	46.535	147	39.978	173	35.154
18	169.348	44	97.801	70	70.367	96	55.579	122	46.240	148	39.766	174	34.994
19	164.461	45	96.310	71	69.638	97	55.143	123	45.948	149	39.556	175	34.835
20	159.872	46	94.868	72	68.925	98	54.715	124	45.660	150	39.348	176	34.678
21	155.555	47	95.473	73	68.229	99	54.294	125	45.376	151	39.143	177	34.522
22	151.485	48	92.122	74	67.547	100	55.879	126	45.096	152	38.940	178	34.368
23	147.641	49	90.812	75	66.881	101	55.472	127	44.820	153	38.740	179	34.215
24	144.005	50	89.543	76	66.228	102	55.071	128	44.547	154	38.541	180	34.064
25	140.559	51	88.312	77	65.589	103	52.677	129	44.278	155	38.345	181	35.915
26	137.289	52	87.118	78	64.964	104	52.289	130	44.013	156	38.151	182	35.766

表 5-5-14　清水河县暴雨强度常用数据表（$P=5$ a；t:min；q:L/(s·hm²)）

t	q	t	q	t	q	t	q	t	q	t	q	t	q
1	417.284	27	157.831	53	101.325	79	75.786	105	61.039	131	51.366	157	44.499
2	390.261	28	154.389	54	99.997	80	75.075	106	60.594	132	51.059	158	44.275
3	366.768	29	151.106	55	98.705	81	74.379	107	60.156	133	50.757	159	44.052
4	346.141	30	147.970	56	97.449	82	75.697	108	59.724	134	50.458	160	45.832
5	327.876	31	144.973	57	96.228	83	75.028	109	59.299	135	50.163	161	45.615
6	311.580	32	142.104	58	95.039	84	72.372	110	58.681	136	49.871	162	45.399
7	296.946	33	139.355	59	95.882	85	71.729	111	58.569	137	49.584	163	45.186
8	285.724	34	136.719	60	92.754	86	71.098	112	58.063	138	49.299	164	42.975
9	271.717	35	134.189	61	91.656	87	70.479	113	57.664	139	49.019	165	42.767
10	260.761	36	131.759	62	90.585	88	69.871	114	57.270	140	48.742	166	42.561
11	250.719	37	129.422	63	89.542	89	69.275	115	56.882	141	48.568	167	42.356
12	241.481	38	127.173	64	88.524	90	68.690	116	56.499	142	48.197	168	42.154
13	232.951	39	125.007	65	87.530	91	68.115	117	56.123	143	47.930	169	41.954
14	225.048	40	122.920	66	86.561	92	67.551	118	55.751	144	47.666	170	41.756
15	217.705	41	120.907	67	85.615	93	66.997	119	55.385	145	47.405	171	41.560
16	210.863	42	118.964	68	84.69	94	66.452	120	55.024	146	47.147	172	41.366
17	204.470	43	117.087	69	85.788	95	65.917	121	54.668	147	46.892	173	41.174
18	198.584	44	115.274	70	82.905	96	65.392	122	54.318	148	46.641	174	40.984
19	192.865	45	115.520	71	82.043	97	64.875	123	55.971	149	46.392	175	40.796
20	187.581	46	111.823	72	81.200	98	64.367	124	55.630	150	46.146	176	40.610
21	182.600	47	110.181	73	80.376	99	65.868	125	55.293	151	45.902	177	40.425
22	177.898	48	108.589	74	79.569	100	65.377	126	52.961	152	45.662	178	40.243
23	175.452	49	107.047	75	78.780	101	62.894	127	52.634	153	45.424	179	40.062
24	169.239	50	105.552	76	78.007	102	62.419	128	52.310	154	45.189	180	39.883
25	165.242	51	104.101	77	77.251	103	61.951	129	51.991	155	44.957	181	39.705
26	161.445	52	102.693	78	76.511	104	61.492	130	51.677	156	44.727	182	39.530

表 5-5-15　清水河县暴雨强度常用数据表（$P=10$ a；t:min；q:L/(s·hm²)）

t	q	t	q	t	q	t	q	t	q	t	q	t	q
1	475.713	27	186.681	53	120.161	79	89.805	105	72.225	131	60.683	157	52.490
2	446.993	28	182.659	54	118.586	80	88.959	106	71.694	132	60.318	158	52.222
3	421.757	29	178.619	55	117.054	81	88.130	107	71.171	133	59.956	159	51.957
4	399.394	30	175.148	56	115.564	82	87.317	108	70.657	134	59.600	160	51.694
5	379.433	31	171.635	57	114.114	83	86.520	109	70.150	135	59.248	161	51.435
6	361.499	32	168.270	58	112.703	84	85.738	110	69.651	136	58.900	162	51.178
7	345.291	33	165.044	59	111.329	85	84.972	111	69.159	137	58.557	163	50.924
8	330.569	34	161.948	60	109.990	86	84.220	112	68.675	138	58.217	164	50.672
9	317.131	35	158.974	61	108.685	87	85.482	113	68.198	139	57.883	165	50.424
10	304.815	36	156.115	62	107.413	88	82.758	114	67.728	140	57.552	166	50.177
11	295.483	37	155.364	63	106.173	89	82.047	115	67.265	141	57.225	167	49.934
12	285.018	38	150.715	64	104.963	90	81.350	116	66.809	142	56.902	168	49.693
13	275.324	39	148.162	65	105.782	91	80.665	117	66.360	143	56.584	169	49.454
14	264.316	40	145.701	66	102.630	92	79.992	118	65.916	144	56.268	170	49.218
15	255.922	41	145.325	67	101.504	93	79.331	119	65.480	145	55.957	171	48.984
16	248.081	42	141.032	68	100.405	94	78.682	120	65.049	146	55.649	172	48.753
17	240.738	43	138.616	69	99.331	95	78.044	121	64.624	147	55.345	173	48.524
18	235.847	44	136.673	70	98.281	96	77.417	122	64.206	148	55.045	174	48.297
19	227.366	45	134.600	71	97.255	97	76.801	123	65.793	149	54.748	175	48.073
20	221.259	46	132.594	72	96.252	98	76.195	124	65.385	150	54.454	176	47.851
21	215.494	47	130.65	73	95.271	99	75.599	125	62.984	151	54.164	177	47.631
22	210.042	48	128.767	74	94.310	100	75.014	126	62.587	152	55.877	178	47.413
23	204.878	49	126.941	75	95.371	101	74.438	127	62.196	153	55.594	179	47.197
24	199.979	50	125.170	76	92.451	102	75.871	128	61.811	154	55.313	180	46.983
25	195.326	51	125.451	77	91.551	103	75.314	129	61.430	155	55.036	181	46.772
26	190.898	52	121.782	78	90.669	104	72.765	130	61.054	156	52.762	182	46.562

表 5-5-16　清水河县暴雨强度常用数据表（$P=20$ a；t:min；q:L/(s·hm^2)）

t	q	t	q	t	q	t	q	t	q	t	q	t	q
1	535.053	27	215.821	53	139.263	79	104.051	105	85.605	131	70.170	157	60.630
2	504.406	28	211.220	54	137.439	80	105.067	106	82.987	132	69.744	158	60.318
3	477.275	29	206.823	55	135.665	81	102.103	107	82.379	133	69.323	159	60.009
4	455.078	30	202.616	56	135.940	82	101.159	108	81.779	134	68.908	160	59.704
5	431.354	31	198.589	57	132.260	83	100.232	109	81.190	135	68.598	161	59.401
6	411.738	32	194.728	58	130.625	84	99.324	110	80.609	136	68.093	162	59.102
7	395.931	33	191.023	59	129.032	85	98.532	111	80.037	137	67.693	163	58.607
8	377.689	34	187.466	60	127.480	86	97.558	112	79.473	138	67.299	164	58.514
9	362.812	35	184.047	61	125.968	87	96.700	113	78.918	139	66.909	165	58.224
10	349.131	36	180.758	62	124.493	88	95.858	114	78.371	140	66.524	166	57.938
11	336.505	37	177.593	63	125.054	89	95.032	115	77.832	141	66.143	167	57.654
12	324.814	38	174.543	64	121.651	90	94.221	116	77.301	142	65.767	168	57.374
13	315.957	39	171.603	65	120.281	91	95.424	117	76.778	143	65.396	169	57.096
14	305.846	40	168.766	66	118.944	92	92.641	118	76.262	144	65.029	170	56.821
15	294.404	41	166.027	67	117.637	93	91.873	119	75.753	145	64.667	171	56.549
16	285.567	42	165.382	68	116.362	94	91.117	120	75.252	146	64.309	172	56.280
17	277.277	43	160.825	69	115.115	95	90.375	121	74.758	147	65.955	173	56.013
18	269.484	44	158.352	70	115.896	96	89.646	122	74.270	148	65.605	174	55.749
19	262.144	45	155.958	71	112.705	97	88.929	123	75.789	149	65.259	175	55.488
20	255.217	46	155.640	72	111.540	98	88.224	124	75.315	150	62.917	176	55.229
21	248.669	47	151.395	73	110.400	99	87.531	125	72.848	151	62.579	177	54.973
22	242.469	48	149.218	74	109.285	100	86.850	126	72.386	152	62.245	178	54.720
23	236.590	49	147.107	75	108.194	101	86.180	127	71.931	153	61.915	179	54.468
24	231.007	50	145.059	76	107.125	102	85.520	128	71.482	154	61.588	180	54.220
25	225.697	51	145.071	77	106.079	103	84.872	129	71.039	155	61.266	181	55.973
26	220.641	52	141.140	78	105.055	104	84.233	130	70.601	156	60.946	182	55.730

表 5-5-17　清水河县暴雨强度常用数据表（$P=50$ a；t：min；q：L/(s·hm²)）

t	q	t	q	t	q	t	q	t	q	t	q	t	q
1	618.024	27	254.413	53	164.427	79	122.787	105	98.563	131	82.636	157	71.327
2	584.025	28	249.030	54	162.273	80	121.622	106	97.830	132	82.131	158	70.957
3	555.759	29	245.883	55	160.178	81	120.480	107	97.109	133	81.632	159	70.591
4	526.634	30	238.956	56	158.140	82	119.361	108	96.399	134	81.140	160	70.229
5	502.178	31	234.235	57	156.155	83	118.264	109	95.699	135	80.654	161	69.871
6	480.009	32	229.707	58	154.223	84	117.188	110	95.011	136	80.174	162	69.516
7	459.816	33	225.361	59	152.341	85	116.133	111	94.333	137	79.700	163	69.166
8	441.341	34	221.186	60	150.507	86	115.097	112	95.665	138	79.232	164	68.619
9	424.372	35	217.171	61	148.719	87	114.081	113	95.007	139	78.770	165	68.575
10	408.728	36	215.307	62	146.975	88	115.083	114	92.358	140	78.313	166	68.136
11	394.257	37	209.587	63	145.274	89	112.104	115	91.720	141	77.862	167	67.800
12	380.831	38	206.001	64	145.615	90	111.143	116	91.090	142	77.417	168	67.467
13	368.337	39	202.542	65	141.994	91	110.199	117	90.470	143	76.977	169	67.138
14	356.681	40	199.205	66	140.413	92	109.272	118	89.858	144	76.542	170	66.812
15	345.780	41	195.981	67	138.668	93	108.361	119	89.255	145	76.112	171	66.490
16	335.562	42	192.867	68	137.358	94	107.466	120	88.661	146	75.687	172	66.171
17	325.962	43	189.855	69	135.883	95	106.586	121	88.075	147	75.268	173	65.855
18	316.927	44	186.941	70	134.441	96	105.722	122	87.497	148	74.853	174	65.542
19	308.506	45	184.121	71	135.032	97	104.873	123	86.927	149	74.443	175	65.232
20	300.356	46	181.389	72	131.653	98	104.037	124	86.365	150	74.038	176	64.926
21	292.739	47	178.741	73	130.304	99	105.216	125	85.810	151	75.637	177	64.622
22	285.520	48	176.174	74	128.984	100	102.408	126	85.263	152	75.241	178	64.322
23	278.668	49	175.684	75	127.692	101	101.614	127	84.724	153	72.850	179	64.024
24	272.155	50	171.268	76	126.427	102	100.833	128	84.191	154	72.463	180	65.730
25	265.956	51	168.921	77	125.188	103	100.064	129	85.666	155	72.080	181	65.438
26	260.049	52	166.642	78	125.975	104	99.307	130	85.147	156	71.702	182	65.149

表 5-5-18　清水河县暴雨强度常用数据表（$P=100$ a;t:min;q:L/(s·hm²)）

t	q	t	q	t	q	t	q	t	q	t	q	t	q
1	676.572	27	282.024	53	182.466	79	136.218	105	109.279	131	91.560	157	78.979
2	640.271	28	276.086	54	180.076	80	134.923	106	108.564	132	90.998	158	78.568
3	607.848	29	270.405	55	177.751	81	135.654	107	107.662	133	90.443	159	78.160
4	578.705	30	264.966	56	175.489	82	132.410	108	106.872	134	89.896	160	77.757
5	552.362	31	259.753	57	175.287	83	131.190	109	106.094	135	89.355	161	77.359
6	528.526	32	254.751	58	171.142	84	129.993	110	105.328	136	88.621	162	76.965
7	506.579	33	249.949	59	169.052	85	128.620	111	104.573	137	88.294	163	76.575
8	486.554	34	245.333	60	167.016	86	127.668	112	105.830	138	87.773	164	76.189
9	468.129	35	240.894	61	165.030	87	126.538	113	105.098	139	87.259	165	75.807
10	451.117	36	236.621	62	165.094	88	125.429	114	102.377	140	86.751	166	75.429
11	435.358	37	232.505	63	161.205	89	124.340	115	101.666	141	86.249	167	75.055
12	420.718	38	228.537	64	159.362	90	125.271	116	100.966	142	85.754	168	74.685
13	407.079	39	224.709	65	157.562	91	122.221	117	100.276	143	85.264	169	74.319
14	394.340	40	221.014	66	155.805	92	121.190	118	99.595	144	84.780	170	75.957
15	382.415	41	217.445	67	154.089	93	120.177	119	98.925	145	84.302	171	75.598
16	371.225	42	215.995	68	152.412	94	119.182	120	98.263	146	85.830	172	75.243
17	360.705	43	210.659	69	150.773	95	118.204	121	97.612	147	85.363	173	72.892
18	350.794	44	207.430	70	149.171	96	117.243	122	96.969	148	82.902	174	72.544
19	341.441	45	204.305	71	147.604	97	116.298	123	96.335	149	82.446	175	72.199
20	332.599	46	201.277	72	146.072	98	115.369	124	95.709	150	81.995	176	71.859
21	324.227	47	198.342	73	144.573	99	114.455	125	95.092	151	81.549	177	71.521
22	316.287	48	195.496	74	145.106	100	115.557	126	94.484	152	81.109	178	71.187
23	308.747	49	192.735	75	141.670	101	112.673	127	95.883	153	80.673	179	70.856
24	301.576	50	190.055	76	140.264	102	111.804	128	95.291	154	80.243	180	70.528
25	294.748	51	187.452	77	138.687	103	110.949	129	92.706	155	79.817	181	70.203
26	288.238	52	184.924	78	137.539	104	110.107	130	92.130	156	79.396	182	69.882

参考文献

北京市市政工程设计研究总院有限公司,2017.给水排水设计手册 第5册 城镇排水[M].北京:中国建筑工业出版社.
岑国平,1999.暴雨资料的选样与统计方法[J].给水排水(4):1-7.
陈正洪,王海军,张小丽,2007.水文学中雨强公式参数求解的一种最优化方法[J].应用气象学报,18(2):237-241.
邓培德,1996.暴雨选样与频率分布模型及其应用[J].给水排水(2):5-9.
季日臣,郭晓东,刘有录,2002.编制兰州市暴雨强度公式中频率曲线的比较[J].兰州铁道学院学报(自然科学版),21(1):64-66.
金家明,2010.城市暴雨强度公式编制及应用方法[J].中国市政工程(1):38-41.
毛慧琴,宋丽莉,杜尧东,2003.珠江三角洲地区城市暴雨强度公式研究[J].自然灾害学报,12(2):341-345.
邱兆富,周琪,张智,等,2004.暴雨强度公式推求方法探讨[J].城市道桥与防洪(1):47-49.
任伯帜,许仕荣,王涛,2001.编制现代城市暴雨强度公式的统计方法研究[J].湖南城建高等专科学校学报(2):31-33,74.
上海市政工程设计研究总院,2016.室外设计排水规范:GB 50014—2006,2016版[S].
邵尧明,2009.对现行规范中城市暴雨强度公式编制方法的探讨与建议[J].给水排水,35(5):124-126.
徐连军,励建全,李田,等,2007,上海市短历时暴雨强度公式研究[J].中国市政工程(4):46-48.
张子贤,1995.用高斯-牛顿法确定暴雨公式参数[J].河海大学学报,23(5):106-111.
植石群,宋丽莉,罗金铃,等,2000.暴雨强度计算系统及其应用[J].气象,26(6):30-33.